高等职业教育系列教材

COMPUTER TECHNOLOGY

单片机应用系统设计与制作项目教程

主编｜朱才荣　钱玲玲

参编｜王继凤　刘晓艳　田晨帆

机械工业出版社

CHINA MACHINE PRESS

本书包括"无人值守警示系统、电动机测速系统、温度检测系统"这3个完整的控制系统，按照"基础、综合、提升"的顺序将内容具体分为6个项目，其中项目一到项目三围绕"无人值守警示系统"的设计与制作，按照开发设计过程分开设计，将单片机的最小系统、基本输入和输出电路以及编程基础融入其中，同时各个项目之间保持相对独立，降低读者的学习难度。项目四和项目五围绕"电动机测速系统"的设计与仿真，在完成多位数码管显示编程的基础上进一步培养传感器的装调以及编程的基本技能。项目六从完整的"温度检测系统"的设计开发入手，进一步锻炼测控系统的设计与安装调试技能。

　　本书可作为高等职业院校、高等专科院校电气自动化、机电一体化、应用电子等专业的教学用书，也可作为有关工程技术人员的参考与自学用书。

　　为了让读者有更好的阅读体验，本书配有微课视频、动画、仿真视频、实操演示视频等信息化的教学资源，读者扫描书中二维码即可观看；还配有教学资源包，包括电子课件、电子教案、习题及答案等，需要的教师可登录机械工业出版社教育服务网（www.cmpedu.com）免费下载，或联系编辑索取（微信：13261377872，电话：010-88379739）；同时还按照课程结构开发了在线开放课程，提供给读者，既实现了碎片化的学习，又满足了系统化、结构化学习的需要。

图书在版编目（CIP）数据

单片机应用系统设计与制作项目教程/朱才荣，钱玲玲主编 . —北京：机械工业出版社，2023.1（2024.7 重印）
高等职业教育系列教材
ISBN 978-7-111-72043-0

Ⅰ.①单… Ⅱ.①朱…②钱… Ⅲ.①单片微型计算机-系统设计-高等职业教育-教材 Ⅳ.①TP368.1

中国版本图书馆 CIP 数据核字（2022）第 215868 号

机械工业出版社（北京市百万庄大街22号　邮政编码100037）
策划编辑：王海霞　　　责任编辑：王海霞　周海越
责任校对：张艳霞　　　责任印制：郜　敏

三河市宏达印刷有限公司印刷

2024 年 7 月第 1 版·第 3 次印刷
184mm×260mm·12.75 印张·331 千字
标准书号：ISBN 978-7-111-72043-0
定价：59.00 元

电话服务　　　　　　　　　　网络服务
客服电话：010-88361066　　　机　工　官　网：www.cmpbook.com
　　　　　010-88379833　　　机　工　官　博：weibo.com/cmp1952
　　　　　010-68326294　　　金　　书　　网：www.golden-book.com
封底无防伪标均为盗版　　机工教育服务网：www.cmpedu.com

　　MCS-51 系列单片机以其入门容易、性价比高等优点一直在单片机应用市场占据着一席之地。很多院校都将其作为电类相关专业的一门专业课程。本教材也以这一系列单片机作为主要学习对象。同时为了更贴近读者的需求，校企双方进行合作，以新型智能产品检测线的真实案例为载体，对与课程内容相关的控制过程进行分解，设计成多个具体的项目，将其中涉及的教学内容进行碎片化，并重构知识体系，编写成项目化、任务式的教材。为进一步落地"课证融通"，配合电工职业资格认证，教材将常用传感器的装调以及单片机应用系统的装调作为主要的技能来进行培养。信号检测与传感器的使用能够使得单片机系统的开发与应用拥有更广阔的空间，让学生的想象力与创造力有更好的着力点。作为面向高职高专层次学生的教材，本书突出以下特点：

　　1. 遵循岗位职业能力培养规律，打造校企通用教材

　　本着"学生能学、教师好用、企业需要"的原则，与合作企业共同开发教材。对电气设备使用、维护以及升级的岗位及其能力要求进行调研，以企业实际岗位需求、新型智能产品等真实案例作为项目开发的载体，引入"无人值守警示系统、电动机测速系统、温度检测系统"等项目，将课程中需要介绍的内容进行重新序化、重构知识体系，设计了项目化、任务式的教材。同时，结合行业发展，根据"课证融通"要求，配合"1+X"认证中的电工职业资格认证，将常用传感器的装调以及单片机应用系统的装调作为重要的技能点来进行培养，增加了常用传感器的使用、典型液晶和点阵显示、总线控制等内容，实现了新知识的扩充与融入。

　　本书分 6 个项目。其中项目一到项目三在逻辑关系上层层递进，将一个小型测控系统的开发设计过程划分成输入、输出、控制三个模块，进行分开设计，最终又可以完成一个完整测控系统的设计与制作，而各个项目之间又保持相对独立，降低学生的学习难度。遵循了认知的基本规律，完成由简单、分立模块到综合、复杂模块的学习过程。项目四和项目五之间也是类似的递进关系。而项目六则是直接从一个完整的检测系统的设计开发入手，在一个项目中完整地帮助学生学习测控系统的设计与安装调试。

　　最终教材完整地呈现了 3 个测控系统的设计与调试过程，而这 3 个系统之间又是从简单到复杂的过程，每一个具体的项目按照小型系统开发的基本步骤设计成若干个任务，逐步引导学生完成。按照"手把手教、扶着走、放开手"的项目化实施的基本思路来进行设计。

　　2. 采用"项目+任务"的设计理念，满足不同层次读者需求

　　教材采用"项目+任务"编写形式，内容实现先通过案例任务描述引入问题，通过项目化设计，实现技能层次递进，满足不同层次读者需求。每个项目中设置知识认知类任务和实践类任务这两种不同类型的任务，然后对任务进行解析及具体实现。教材以培养职业

能力为核心，以工作实践为主线，以项目为导向，采用案例项目驱动教学。教材以丰富的案例为载体，精心设计教学内容，设计由易到难、层次递进的教学项目，由实战项目贯穿知识体系，适应不同层次读者的需要。

3. 新形态一体化教材，将教材、微课、在线开放课程进行完美融合

随着信息技术的深度应用，学生的学习方式也随之发生了变化，更乐于用信息化手段进行学习。而现有高职高专的传感器、单片机类教材在配套资源上，多数以 PPT 为主，资源单一，呈现形式简单，且不能共享，不利于学生碎片化、自主性学习。

为适应学生学习需要，方便学生的学习，在教材开发中充分利用信息化手段，将微课、动画、仿真视频、实践操作演示视频等信息化的教学资源通过二维码的方式与教材进行了完美结合，实现了"随扫随学"。同时，还将微课等碎片化的学习资源按照课程结构开发出在线开放课程，既实现了学生碎片化的学习，又满足了系统化、结构化学习的需要。

4. 立德树人，教材从思政、劳动以及职业素养三方面融合思政教育

教材通过主题设计以及项目任务设计培养"节能环保、爱国敬业"等价值观、在程序故障排除以及硬件调试环节鼓励积极动手，并用劳动励志故事等方式培养"肯干肯学、迎难而上"的劳动精神，项目实施过程中将"安全生产、5S 职业标准、细致认真、精益求精"的精神贯穿始终。

全书建议学时为 60~120 学时，其中项目一~项目五中每个任务占用 2~4 学时，共 60 学时，项目六可以采用（8+30）学时的形式开展教学，同时增加必要的自主趣味设计环节。也可以根据实际情况对项目六采用学生自主学习的翻转课堂形式，确保课程在 90 学时内完成。为方便读者对照阅读和理解，本书仿真图中的图形符号均保留软件所生成的图形。

本书由江苏电子信息职业学院朱才荣、钱玲玲担任主编，周奎担任主审。朱才荣承担项目三到项目六的编写和全书的统稿审核工作，钱玲玲承担了项目一的编写以及项目案例的开发工作，刘晓艳承担项目三中传感器部分内容的编写任务，王继凤承担了项目二的编写任务，田晨帆承担全书的项目设计与程序调试工作。在本书的编写过程中，还参考了许多相关文献，并引用了其中的一些内容，在此也对这些文献的作者表示诚挚的谢意。

由于编者水平有限，书中的缺点和错误在所难免，恳请读者批评和指正。

编　者

目 录 Contents

项目一 单片机最小系统设计与绘制

信号检测与控制系统是现代生产、生活中的常见系统，其根据实现的功能可大可小，可复杂、可简单。本书将以多个信号检测控制系统的设计项目作为载体，在实践中学习常见信号检测器件的使用以及以单片机作为控制单元的系统编程方法。

单片机是现代电子产品设计与工业自动化系统中应用十分广泛的一类控制器，具有体积小、性价比高等优点。单片机的使用与应用系统设计更是电子电气类、机电类专业的一项重要技能。对于初学者来说，它仅仅是一个器件，学习单片机就是学习这个器件的使用。本着由浅入深的原则，本项目将带领读者初步认识这个器件的发展历史、特点、外形和结构，实际设计一个简单的单片机应用系统，并在仿真软件中绘制出来。

需要强调的是，单片机是一个器件，要学会使用它，只有多动手、多实践、多动脑才是捷径。这条路上会有很多有趣的现象，只要你有想象力，就能创造出独一无二的设计。在学习本书内容的过程中，你会一步步发现其中的乐趣，不过在这之前，请先请跟随本项目初步认识一下这个器件。

 注： 本书后面介绍的内容是以 51 系列单片机中比较常用的 AT89S51 单片机为对象，如没有做特别说明，均指此款单片机。

项目描述： 通过对 51 系列单片机基础知识的学习，在了解其内部结构、掌握其外部引脚功能的基础上完成单片机最小系统的设计，并熟练掌握在 Proteus 仿真软件中绘制单片机的最小系统。

项目实施： 在实施过程中，可以细分为两个具体任务，分别为设计单片机最小系统和绘制 Proteus 仿真图。读者学习后要能熟练地绘制出电路图并标识相关参数，并熟练使用 Proteus 进行仿真图的绘制。

任务 1.1 设计单片机最小系统

本任务要从单片机的基础知识、基本结构、外部引脚 3 个方面进行相关知识的学习，并最终完成最小系统原理图的设计。

1.1.1 单片机基础知识

1. 什么是单片机

单片机（Single Chip Microcomputer）将组成微型计算机所必需的部件 [中央处理器（CPU）、程序存储器（ROM）、数据存储器（RAM）、输入/输出（I/O）接口、定时/计数器、串行口（SPI）、系统总线等] 集成在一个超大规模集成电路芯片上。只要外加少许电子元件便可以构成一套简单的计算机控制系统，故又称单片微型计算机。

单片机自从问世以来，在控制领域得到了飞速发展，尤其是近几年更多的功能电路如模/数（A/D）转换、数/模（D/A）转换、PWM 等被集成到单片机内部以后，极大地提高了单片机的利用率。其发展过程大致可分为以下几个阶段：

第一阶段（1976—1978 年）：以 Intel 公司的 MCS-48 系列、Zilog 公司的 Z8 系列和 Motorola 公司的 6801 系列为代表，属于低档型 8 位单片机。

第二阶段（1979—1981 年）：以 Intel 公司的 MCS-51 系列和 Motorola 公司的 68HC05 系列为代表，属于高档型 8 位单片机。这时的单片机功能已非常完善，确立了单片机的控制功能。

第三阶段（1982—1990 年）：该阶段是单片机向微控制器的转换阶段，全面发展单片机的控制功能，不断完善高档型 8 位单片机，改善其结构，以满足不同客户的要求。另外还产生了 16 位单片机和专用单片机。

第四阶段（1991 年至今）：16 位单片机和 8 位高性能单片机并行发展的时代。16 位单片机工艺先进，集成度高，内部功能强，运行速度快，而且允许用户采用面向工业控制的专用语言。其片内包含 16 位 CPU，具有串/并接口，4 个 16 位定时/计数器，8 个中断源，具有看门狗等控制部件，增加了 D/A 和 A/D 转换电路等。代表产品有 Intel 公司的 MCS-96 系列、Motorola 公司的 MC68HC16 系列等。但是，由于 16 位单片机的价格较贵，销售量不大，大量应用领域需要的是高性能、大容量和多功能的新型 8 位单片机。本书介绍的单片机以 MCS-51 系列 8 位单片机为例，现在市面上的许多单片机也和 MCS-51 系列单片机兼容。

2. 单片机的应用

（1）智能仪器仪表 单片机以其体积小、功耗低、控制功能强、扩展灵活、微型化和使用方便等优点，广泛应用于仪器仪表中，结合不同类型的传感器，可实现电压、功率、频率、湿度、温度、流量、速度、厚度、角度、长度、硬度、压力等物理量的测量，例如功率计、示波器等精密测量设备。采用单片机控制使得仪器仪表数字化、智能化、微型化，且功能比起采用电子或数字电路更加强大。

（2）工业控制 用单片机可以构成形式多样的控制系统、数据采集系统，例如工厂流水线的智能化管理系统、电梯智能化控制系统、各种报警系统，与计算机联网构成二级控制系统等。

（3）家用电器 现在的家用电器大多数采用了单片机控制，从电饭锅、洗衣机、电冰箱、空调机、电视机、其他音响视频器材，到电子称量设备，单片机无所不在。

（4）计算机网络和通信领域 现代的单片机普遍具备通信接口，可以很方便地与计算机进行数据通信，为在计算机网络和通信设备间的应用提供了极好的物质条件，现在的通信设备基本上实现了单片机智能控制，如手机、程控交换机、楼宇自动通信呼叫系统、列车无线通信、集群移动通信、无线电对讲机等。

（5）医用设备 应用单片机的医用设备有医用呼吸机、监护仪、超声诊断设备等。

3. 常用的单片机类型

根据不同的应用场合以及不同的性能要求，各生产厂家所生产的单片机各有特点，大体可以分为专用型和通用型两大类。专用型是指为了某个特定应用而专门开发的单片机，例如为了满足电子体温计的要求，在片内集成 A/D 转换接口和温度测量控制电路，比较适合大批量成型的电子产品；而一般所提到的单片机是指通用型，它的资源全面开放给开发者，没有做特定的限定。

（1）51 系列单片机 51 系列单片机是指 Intel 公司推出的 MCS-51 系列单片机以及和其有兼容内核的单片机。MCS-51 系列单片机首先是由 Intel 公司推出的通用型单片机，它的基本型

有 8051 和 8031 等。后来，许多著名的半导体制造商向 Intel 公司购买 MCS-51 系列芯片的核心技术进行研究，推出很多使用广泛的单片机型号。例如，Atmel 公司率先把 MCS-51 系列单片机内核与其擅长的 Flash 技术相结合，推出轰动业界的 AT89 系列单片机。本书就以 AT89S51 单片机作为对象来完成对单片机的介绍。

深圳市宏晶科技有限公司的 STC89 系列单片机也属于 51 系列单片机，它和 AT89 系列单片机可以很好地兼容，而且价格相对 AT89 系列单片机便宜。读者在学习本书时，也可以使用 STC89 系列单片机，除了程序下载方式不一样以外，程序的运行可以很好地兼容。

（2）AVR 系列单片机　AVR 系列单片机是 Atmel 公司推出的一款单片机，是具有增强型 RISC 结构、内载 Flash 的单片机。其具有高速处理能力，在一个时钟周期内可执行复杂的指令，每 MHz 可实现 1MIPS 的处理能力。AVR 系列单片机的工作电压为 2.7~6.0 V，可以实现耗电最优化，广泛应用于计算机外部设备、工业实时控制、仪器仪表、通信设备、家用电器、宇航设备等各个领域。ATmega16、ATmega128 是 AVR 系列单片机的两个型号。

（3）PIC 系列单片机　该系列单片机是由 MicroChip 公司生产，主要包括 PIC16C 系列和 PIC17C 系列 8 位单片机。其运行速度快、工作电压低、功耗低、输入输出直接驱动能力较大、价格低、体积小，适合用量大、价格敏感的产品，在办公自动化设备、消费电子产品、智能仪器仪表、工业控制等不同领域都有广泛的应用。

（4）MSP430 系列单片机　MSP430 系列单片机是由 TI 公司开发的 16 位单片机。其突出特点是超低功耗，非常适合各种功率要求低的场合。其有多个系列和型号，分别由一些基本功能模块按不同的应用目标组合而成，典型应用在流量计、智能仪表、医疗设备和保安系统等方面。由于其较高的性价比，应用已日趋广泛。

除了以上几大类单片机以外，还有很多公司都有各自的主打产品，如 Motorola 公司的 8 位 M6805、M68HC05 系列单片机，华邦公司的 W77、W78 系列 8 位单片机等。

注：1）不同类型的单片机应用大致相同，学会了一种类型的单片机，再学习使用其他类型的单片机会容易很多。

2）不同使用场合对单片机的外形封装有不同的要求，目前使用较多的有 DIP（Double In-line Package）封装即双列直插式封装、SOP（Small Outline Package）即小引出线封装、PLCC（Plastic Leaded Chip Carrier）即塑封 J 引线芯片封装、PQFP（Plastic Quad Flat Package）即塑封四角扁平封装等，如图 1-1 所示。其中 DIP 利于插拔，比较适合初学者使用，本书以此类封装的单片机为例。

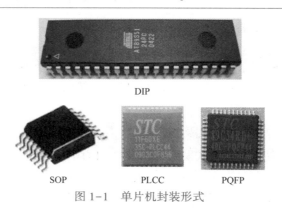

图 1-1　单片机封装形式

1.1.2　AT89S51 单片机的内部结构

1. 内部基本结构

AT89S51 是低功耗、高性能 CMOS 8 位单片机，器件采用 Atmel 公司的高密度、非易失性存储技术生产，兼容标准 8051 指令系统及引脚。它集成了 Flash ROM，既可在系统编程（ISP）也可用传统方法进行编程，在通用 8 位微处理器单片芯片中，属于功能强大、低价位的一款，可灵活应用于各种控制领域。

其内部集成了 CPU、RAM、ROM、定时/计数器和 I/O 口等功能部件，它们是通过内部总线连接在一起的，如图 1-2 所示。AT89S51 单片机内部资源主要有：

1）一个 8 位 CPU。

2）一个片内振荡器（OSC）及时钟电路。

3）4 KB 的 Flash ROM。

4）256B 的内部 RAM（分低 128B 和高 128B）。

5）可扩展 64 KB 外部 ROM 和外部 RAM 的控制电路。

6）2 个 16 位定时器/计数器。

7）26 个特殊功能寄存器（Special Function Register，SFR）。

8）4 个 8 位并行 I/O 口。

9）1 个全双工的串行口。

10）5 个中断源，其中 2 个外部中断，3 个内部中断。

11）内部硬件看门狗电路。

12）1 个串行口，用于芯片的 ISP。

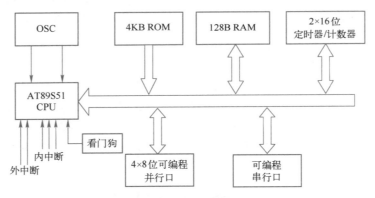

图 1-2　AT89S51 单片机内部结构框图

其中，CPU 是整个单片机的核心部件，是 8 位数据宽度的处理器，能处理 8 位二进制数据或代码，负责控制、指挥和调度整个单片机内部单元系统协调的工作，完成运算和控制输入、输出功能等操作。

2. AT89S51 单片机存储器空间的配置及功能

AT89S51 单片机的存储器配置方式采用哈佛结构，ROM 和 RAM 是分开的，它们有各自的寻址系统、控制信号和功能，并且有不同的操作指令。ROM 主要用来存放程序和表格常数，RAM 主要用来存放程序运行的中间数据和结果。图 1-3 所示为 AT89S51 单片机存储空间配置图。

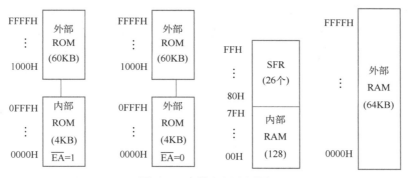

图 1-3　存储空间配置图

这 3 种不同的存储器在物理结构上是相互独立的，但编址有重叠，CPU 是怎么处理的？在利用汇编语言编程时通过不同的指令和控制信号对其实现读、写功能操作，用 MOVC 指令访问 ROM 空间，用 MOV 指令访问内部 RAM，用 MOVX 指令访问外部 RAM。在利用 C 语言编程时，可以根据实际情况通过定义变量的存放位置来区别访问，如 xdata 关键字就可以将变量存储在外部存储器上。下面进行详细说明。

（1）ROM　AT89S51 单片机的 ROM 空间共 64 KB，其中片内 4 KB，地址范围为 0000H~0FFFH；片外 60 KB，地址范围为 1000H~FFFFH。程序的存放是从 0000H 单元开始的。在 ROM 的开始一段区间（0003H~0023H）是中断源的中断入口地址区，用户一般不能用来存放其他程序。因此，编写的主程序应存放在它的后面（通常可从 0030H 开始存放）。程序中通过在 0000H 单元开始的地方设置跳转指令，跳过该区域。内部 ROM 和外部 ROM 空间的跳转由硬件结合外部引脚$\overline{EA}$的取值自动完成。

（2）外部 RAM　AT89S51 单片机外部 RAM 空间共 64 KB，控制信号是 P3 口的$\overline{WR}$和$\overline{RD}$。CPU 读外部 RAM 的过程是：外部 RAM 16 位地址分别由 P0 口（低 8 位）和 P2 口（高 8 位）同时输出，ALE 信号有效时由地址锁存器锁存低 8 位地址信号，地址锁存器输出的低 8 位地址信号和 P2 口输出的高 8 位地址信号同时加到外部 RAM 16 位地址输入端，当$\overline{RD}$信号有效时，外部 RAM 将相应地址存储单元中的数据送至数据总线（P0 口），CPU 读入后存入指定单元中。

CPU 写外部 RAM 的过程和读外部 RAM 的过程相同，只是控制信号不同，$\overline{RD}$信号换成$\overline{WR}$信号，当$\overline{WR}$信号有效时，外部 RAM 将数据总线（P0 口分时传送）上的数据写入相应地址存储单元中。

一般情况下，只有在内部 RAM 不够用时才会进行外部 RAM 扩展。

（3）内部 RAM　AT89S51 单片机内部 RAM 共 256B，但能真正供用户使用的只有低 128B（高 128B 被 26 个 SFR 分散占用），其字节地址是 00H~7FH，根据用途不同可分为三部分：工作寄存器区、位寻址区和数据缓冲区，具体分区见表 1-1。

表 1-1　单片机内部 RAM 结构表

地 址 区 域		功 能 名 称	数 据 操 作 方 式
30H~7FH		堆栈与数据缓冲区	8 位整体操作
20H~2FH		位寻址区	8 位整体操作或位操作
00H~1FH	18H~1FH	工作寄存器 3 区	8 位整体操作（R0~R7）
	10H~17H	工作寄存器 2 区	
	08H~0FH	工作寄存器 1 区	
	00H~07H	工作寄存器 0 区	

1）工作寄存器区。从 00H~1FH 共 32 个字节属于工作寄存器区，该区域又分为 4 个区：0 区、1 区、2 区和 3 区，每个区有 8 个寄存器（字节），分别命名为 R0~R7。由于在使用时，每次只有一个区的寄存器处于当前工作状态，因此 4 个区的 R0 不可能同时使用，否则会造成混乱。用户可以通过改变状态寄存器（PSW）中 RS1 和 RS0 的取值来改变处于当前工作状态的寄存器区域。

51 指令系统中有专用于工作寄存器的操作指令，读写速度比内部 RAM 中其他存储单元快。另外，工作寄存器 R0 和 R1 还具有间接寻址功能，使用很方便。

2）位寻址区。从 20H~2FH 共 16 个字节属于位寻址区，每个字节有 8 个位，共计 128 个位，每一位对应一个地址（称为位地址），从 00H 开始编码，到 7FH 刚好 128 个。因此该区域的 16 个字节，不但有字节地址，可进行字节操作（即 8 位整体操作），同时字节中的每一位又有位地址，可进行位操作（即按位地址对该位进行置 1、清 0、求反或判转）。位寻址区的主要用途是存放各种标志位信息和位数据。表 1-2 所示为位寻址区的位寻地址映像表。

表 1-2　位寻址区的位地址映像表

字节地址	位 地 址							
	D7	D6	D5	D4	D3	D2	D1	D0
2FH	7FH	7EH	7DH	7CH	7BH	7AH	79H	78H
2EH	77H	76H	75H	74H	73H	72H	71H	70H
2DH	6FH	6EH	6DH	6CH	6BH	6AH	69H	68H
2CH	67H	66H	65H	64H	63H	62H	61H	60H
2BH	5FH	5EH	5DH	5CH	5BH	5AH	59H	58H
2AH	57H	56H	55H	54H	53H	52H	51H	50H
29H	4FH	4EH	4DH	4CH	4BH	4AH	49H	48H
28H	47H	46H	45H	44H	43H	42H	41H	40H
27H	3FH	3EH	3DH	3CH	3BH	3AH	39H	38H
26H	37H	36H	35H	34H	33H	32H	31H	30H
25H	2FH	2EH	2DH	2CH	2BH	2AH	29H	28H
24H	27H	26H	25H	24H	23H	22H	21H	20H
23H	1FH	1EH	1DH	1CH	1BH	1AH	19H	18H
22H	17H	16H	15H	14H	13H	12H	11H	10H
21H	0FH	0EH	0DH	0CH	0BH	0AH	09H	08H
20H	07H	06H	05H	04H	03H	02H	01H	00H

初学者需要注意的是：位地址 00H~7FH 和内部 RAM 字节地址 00H~7FH 编码方式虽然相同，都用 16 进制数表示，但对字节和对位操作时的指令不同，否则会产生混乱。

3）数据缓冲区（Buffer）。内部 RAM 中 30H~7FH 为数据缓冲区，用于存放各种数据和中间结果，起到数据缓冲的作用。该区域数据的操作只能 8 位整体操作，是编程过程中使用较多的数据暂存单元。

（4）SFR　SFR 也属于内部存储器，处于内部 RAM 的高 128B 内，由于这部分存储单元的功能是单片机事先定义好的，属于专用区域，因此人们通常讲的内部 RAM 只指低 128B，而不包括 SFR。AT89S51 单片机的 SFR 共计 26 个，如状态寄存器（PSW）、定时器、并行口、串行口和中断系统的寄存器等，它们离散地分布在 80H~FFH，没有被占用的单元用户也不可使用。表 1-3 为 SFR 的地址映像表。

表 1-3　SFR 的地址映像表

SFR 名称	符号	位地址/位定义名/位编号								字节地址
		D7	D6	D5	D4	D3	D2	D1	D0	
寄存器	B	F7H	F6H	F5H	F4H	F3H	F2H	F1H	F0H	(F0H)
累加器 A	Acc	E7H	E6H	E5H	E4H	E3H	E2H	E1H	E0H	(E0H)
		Acc. 7	Acc. 6	Acc. 5	Acc. 4	Acc. 3	Acc. 2	Acc. 1	Acc. 0	
程序状态字寄存器	PSW	D7H	D6H	D5H	D4H	D3H	D2H	D1H	D0H	(D0H)
		Cy	AC	F0	RS1	RS0	OV	F1	P	
		PSW. 7	PSW. 6	PSW. 5	PSW. 4	PSW. 3	PSW. 2	PSW. 1	PSW. 0	
中断优先级控制寄存器	IP	BFH	BEH	BDH	BCH	BBH	BAH	B9H	B8H	(B8H)
		—	—	—	PS	PT1	PX1	PT0	PX0	
中断允许控制寄存器	IE	AFH	AEH	ADH	ACH	ABH	AAH	A9H	A8H	(A8H)
		EA	—	—	ES	ET1	EX1	ET0	EX0	
I/O 端口 3	P3	B7H	B6H	B5H	B4H	B3H	B2H	B1H	B0H	(B0H)
		P3. 7	P3. 6	P3. 5	P3. 4	P3. 3	P3. 2	P3. 1	P3. 0	
I/O 端口 2	P2	A7H	A6H	A5H	A4H	A3H	A2H	A1H	A0H	(A0H)
		P2. 7	P2. 6	P2. 5	P2. 4	P2. 3	P2. 2	P2. 1	P2. 0	
I/O 端口 1	P1	97H	96H	95H	94H	93H	92H	91H	90H	(90H)
		P1. 7	P1. 6	P1. 5	P1. 4	P1. 3	P1. 2	P1. 1	P1. 0	
I/O 端口 0	P0	87H	86H	85H	84H	83H	82H	81H	80H	(80H)
		P0. 7	P0. 6	P0. 5	P0. 4	P0. 3	P0. 2	P0. 1	P0. 0	
定时/计数器 0（H）	TH0									(8CH)
定时/计数器 0（L）	TL0									(8AH)
定时/计数器 1（H）	TH1									(8DH)
定时/计数器 1（L）	TL1									(8BH)
定时/计数器方式选择	TMOD	GATE	C/$\overline{\text{T}}$	M1	M0	GATE	C/$\overline{\text{T}}$	M1	M0	(89H)
定时/计数器控制寄存器	TCON	8FH	8EH	8DH	8CH	8BH	8AH	89H	88H	(88H)
		TF1	TR1	TF0	TR0	IE1	IT1	IE0	IT0	
数据指针 1（H）	DP1H									(85H)
数据指针 1（L）	DP1L									(84H)
数据指针 0（H）	DP0H									(83H)
数据指针 0（L）	DP0L									(82H)
堆栈指针	SP									(81H)
电源控制及波特率选择	PCON	SMOD	—	—	—	GF1	GF0	PD	IDL	(87H)
串行数据缓冲器	SBUF									(99H)
串行控制寄存器	SCON	9FH	9EH	9DH	9CH	9BH	9AH	99H	98H	(98H)
		SM0	SM1	SM2	REN	TB8	RB8	TI	RI	
看门狗控制寄存器	WDTRST									(A6H)
辅助寄存器	AUXR	—	—	—	WDIDLE	DISRTO	—	—	DISALE	(8EH)
辅助寄存器 1	AUXR1	—	—	—	—	—	—	—	DPS	(A2H)

对于 SFR 应注意以下几点：

1）字节地址能被 8 整除的（末位为 0 或 8）SFR 可以位寻址位操作，也可字节操作（8位的整体操作）。可位寻址位操作的 SFR 的每一位除了有位地址外，还有位定义名和位编号，位操作可对其任一种形式操作。

2）字节地址不能被 8 整除的 SFR 只有字节地址，无位地址，只能按字节操作。编程时可用字节地址，也可用其名称。

下面介绍几个常见的 SFR，其余在后面相关项目中介绍。

1）累加器 Acc。累加器 Acc 是 MCS-51 系列单片机中最为常用的寄存器，许多指令的操作数取自 Acc，许多运算结果也存放在 Acc 中。乘除法指令必须通过 Acc 进行。累加器 Acc 的助记符为 A，因此在汇编语言指令中 Acc 通常可简写为 A，但如果需要访问 Acc 中的某一位，则需要使用其全称，如 Acc.0、Acc.1。

2）寄存器 B。乘除法指令都要用到寄存器 B，B 也可以作为一般的寄存器使用。

3）PSW。PSW 反映程序运行的状态，用于存放相关标志位。对其操作时，既可按字节操作也可按位操作。其结构和定义见表 1-4。

表 1-4　PSW 的结构和定义

位编号	PSW.7	PSW.6	PSW.5	PSW.4	PSW.3	PSW.2	PSW.1	PSW.0
位地址	D7H	D6H	D5H	D4H	D3H	D2H	D1H	D0H
位定义名	Cy	AC	F0	RS1	RS0	OV	F1	P

各位的意义如下：

① Cy——进位标志。累加器 A 在执行加减运算时，如果最高位有进位或借位，单片机会自动将 Cy 置 1，否则清零。另外 Cy 还是位操作累加器，指令助记符为 C。

② AC——辅助进位标志。累加器 A 在执行加减运算时，如果低半字节 Acc.3 向高半字节 Acc.4 有进位或借位，单片机会自动将 AC 置 1，否则清零。

③ RS1、RS0——工作寄存器区选择控制位。工作寄存器区分为 4 个区，但每次能处于当前工作的寄存器区只能有一个。可以通过设置 RS1、RS0 这两位的值来选择处于当前工作状态的工作寄存器区。

RS1、RS0=00——0 区（00H~07H）
RS1、RS0=01——1 区（08H~0FH）
RS1、RS0=10——2 区（10H~17H）
RS1、RS0=11——3 区（18H~1FH）

④ OV——有符号数运算时的溢出标志，即运算的结果 8 位二进制数放不下时，OV 将被置 1。

⑤ P——奇偶标志。其表示累加器 A 中 "1" 的个数的奇偶性。如果累加器 A 中 "1" 的个数为奇数，单片机会自动将 P 置 1，否则清零。

⑥ F0、F1——用户标志。与位寻址区的位地址功能相同，区别在于位寻址区内的位只有位地址，而 F0、F1 有 3 种表示方法：位地址 D5H、D1H，位编号 PSW.5、PSW.1 和位定义名 F0、F1。

4）数据指针 DPTR1、DPTR0。

AT89S51 单片机内部有两个 16 位的数据指针，但在某一时刻只能使用其中一个数据指针

DPTR，具体使用哪一个由辅助寄存器 AUXR1 的 DSP 位来控制。DSP = 0 时，选择 DPTR0 的两个 8 位寄存器（DPH 表示高 8 位，DPL 表示低 8 位）构成数据指针；DSP = 1 时，选择 DPTR1 的两个 8 位寄存器构成数据指针。

3. 程序计数器

51 单片机内部有一个 16 位程序计数器（PC），用来控制单片机内部程序运行的方向，它不属于 SFR。其中存放的是单片机下一条要取的指令的 16 位存储单元地址，取完一个字节后，PC 的值会自动加 1，为取下一条指令做准备。值得注意的是，在执行子程序调用或响应中断时，单片机自动完成如下操作：PC 的现行值即下一条将要执行的指令的地址，自动压入堆栈，保护起来；将子程序的入口地址或中断向量的地址送入 PC，程序流向发生变化，去执行子程序或中断服务子程序；当子程序返回或者遇到返回指令 RET 或 RETI 时，将栈顶的断点值弹回 PC 中，程序的流向又返回断点处，从断点处继续执行程序。

单片机复位后，PC 会自动清零。AT89S51 单片机系统复位后，片内各寄存器的状态见表 1-5。

表 1-5 单片机系统复位后片内各寄存器的状态

寄 存 器	复位后的状态	寄 存 器	复位后的状态
PC	0000H	TMOD	00H
Acc	00H	TCON	00H
B	00H	TH0	00H
PSW	00H	TL0	00H
SP	07H	TH1	00H
DP0H	00H	TL1	00H
DP0L	00H	SCON	00H
DP1H	00H	SBUF	XXXXXXXXB
DP1L	00H	PCON	0XXX0000B
P0 ~ P3	FFH	WDTRST	XXXXXXXXB
IP	XXX00000B	AUXR	XXX00XX0B
IE	0XX00000B	AUXR1	XXXXXXX0B

注：表中 X 表示无关位，是一位随机数。

从表 1-5 中可归纳出以下 3 点：

1）系统复位后 PC 值为 0000H，表示复位后 CPU 从 ROM 的 0000H 单元开始取指令并执行。

2）系统复位后 SP 值为 07H，表示堆栈的底部在 07H，若不重新设置 SP 值，堆栈将占用原属于工作寄存器区的 08H ~ 1FH 单元，共 24B。因此，如果系统要求堆栈的深度足够大或不占用部分工作寄存器区，在程序的初始化中必须改变 SP 的值，一般可设置为 50H 或 60H，堆栈的深度相应为 48B 和 32B。

3）P0 ~ P3 口的值为 FFH，为这些口作为输入口使用做好了准备。如果将这些口用作输出口，最好用低电平驱动外接口电路动作，以免单片机系统复位造成误动作。I/O 口的具体应用将在后面的任务中详细介绍。

1.1.3　AT89S51 单片机的 I/O 端口

1. 引脚功能

采用 DIP 封装的 AT89S51 单片机共有 40 个引脚，其引脚排列图如图 1-4a 所示，逻辑符号图如图 1-4b 所示。其引脚可分为 4 类：电源、时钟、控制和 I/O 引脚。

1-2
单片机外部
引脚

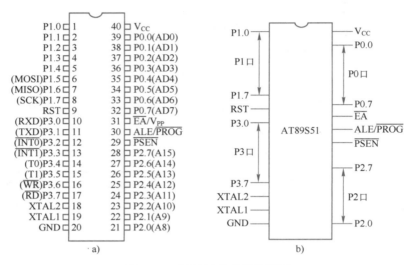

图 1-4　AT89S51 单片机的引脚

a）引脚排列图　b）逻辑符号图

（1）电源

1）V_{CC}（40）——芯片电源，接 5V。

2）GND（20）——接电源地。

（2）时钟引脚　XTAL2（18）、XTAL1（19）——晶体振荡电路的反相器输入端、输出端：使用内部振荡电路时，两引脚外接石英晶体和补偿电容；使用外部振荡信号时，信号从 XTAL2 输入，XTAL1 接地。

（3）控制引脚　控制引脚有 4 个，其中 3 个为复用引脚。所谓复用引脚是指具有两种功能的引脚，正常使用时是一种功能，在某种条件下是另一种功能。

1）RST/V_{PD}——复位/备用电源。

复位操作是单片机正常工作时必不可少的，AT89S51 单片机是高电平复位，只要在该引脚上连续保持两个机器周期以上的高电平，即可实现复位操作，复位后一切从头开始，即 CPU 又从 ROM 的 0000H 单元开始执行指令。在正常运行程序时，该引脚为低电平。V_{PD} 的作用是，在 V_{CC} 掉电情况下，该引脚可接上备用电源，由 V_{PD} 向内部 RAM 供电，以保持内部 RAM 中的数据不丢失。

2）$\overline{EA}/V_{PP}$——芯片内外 ROM 选择/芯片内 EPROM 编程电源。

正常工作时 $\overline{EA}$ 为芯片内外 ROM 选择端，AT89S51 单片机 ROM 寻址范围为 64 KB（8 位二进制数所表示的地址），其中 4 KB 在片内，60 KB 在片外。当 $\overline{EA}=1$，即该引脚保持高电平时，

CPU 先从芯片内部的 ROM 中取指令运行, 当程序超过 4 KB 时, 将自动转向执行外部 ROM 中的程序。当 $\overline{EA}=0$, 即该引脚保持低电平时, 只访问外部 ROM, 无论芯片内有无内部 ROM。在大多数的应用中, 4 KB 的空间范围足够存放程序, 因此一般都选择内部 ROM, 即将 $\overline{EA}$ 引脚接高电平。

V_{PP} 功能是在设计制造编程器时需要考虑的, 因 Flash 存储器编程期间, 在该引脚上需要加 12 V 的编程电压, 在其他情况下用不到。

3) ALE/$\overline{PROG}$——地址锁存允许/片内 EPROM 编程脉冲。

ALE 功能用来锁存 P0 口送出的低 8 位地址。在单片机并行扩展外存储器 (包括并行扩展 I/O 口) 时, P0 口用于分时传送低 8 位地址和数据信号 (信号均为二进制数), 即当 ALE 信号有效 (高电平) 时, P0 口传送的是低 8 位地址信号, 当 ALE 无效 (低电平) 时, P0 口传送的是 8 位数据信号。在 ALE 信号的下降沿, 锁定 P0 口传送的内容, 即低 8 位的地址信号。需要指出的是, 当 CPU 不执行访问外部 RAM 指令 (MOVX 指令) 时, ALE 引脚输出的信号频率为时钟频率的 1/6, 该信号也可作为外部芯片 CLK 时钟或其他需要。

$\overline{PROG}$ 功能也是在 Flash 存储器编程期间使用, 此时该引脚上需输入编程脉冲。用户用不到, 在此不介绍。

4) $\overline{PSEN}$——外部 ROM 读选通信号。

当 CPU 在读外部 ROM 时, $\overline{PSEN}$ 可作为外部 ROM 芯片输出允许 $\overline{OE}$ 的选通信号。在读内部 ROM 和外部 RAM 时, $\overline{PSEN}$ 无效。

2. I/O 口结构及工作原理

AT89S51 单片机有 4 个 8 位的并行 I/O 口: P0、P1、P2 和 P3, 共 32 条端线。每一个 I/O 口都能用作输入或输出口。各个端口的功能有所不同, 结构也有差别, 但工作原理相似。下面分别介绍各个端口的结构、功能和使用方法。

(1) P0 口 P0 口有两种功能: 一种是作为通用的 I/O 口; 另一种是作为地址/数据总线 (Bus), 用于扩展外部的 ROM 和 RAM, 这个功能读者用到时可以自行研究。这里主要介绍作为通用 I/O 口的功能, 其结构图如图 1-5 所示。

P0 口用作输出口时, 控制线上信号为 0, 电子开关 MUX 与下端接通, 同时与门输出为 0, VF_1 截止。由于 VF_1 截止, 输出级处于开漏状态, 故需外接上拉电阻。如果没有上拉电阻, 在输出高电平时, VF_1、VF_2 都截止, 输出引脚悬空, 不能输出高电平。

P0 口用作输入口即要把引脚上的信号读进来。假设 VF_2 导通, 这时无论外电路施加什么电平, 都被 VF_2 短路, 读进来的始终是低电平。因此要想把它作为输入口, 必须保证 VF_2 截止, 要使 VF_2 截止, 需先向该端口写入 "1", 这点要特别注意。

P0 口的每一位都可作为输入或输出使用。在对 P0 口进行赋值或者读取时, 既可以用数据传送指令来按字节整体操作, 也可用位操作指令一位一位地操作。

带负载能力: 8 个 LSTTL 电平。

(2) P1 口 P1 口内部有上拉电阻, 每位也可分别用作输入或输出。其结构图如图 1-6 所示, 作为输出口时, 不需外接上拉电阻; 作为输入口时也要先向该端口锁存器写入 "1", 然后再读。带负载能力: 4 个 LSTTL 门电路。

(3) P2 口 操作使用方法同 P1 口, 其结构图如图 1-7 所示。作为输出口时, 不需外接上拉电阻。作为输入口时也要先向该端口锁存器写入 "1", 然后再读。

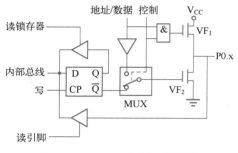

图 1-5　P0 口一位引脚结构图

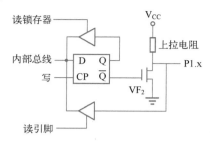

图 1-6　P1 口一位引脚结构图

（4）P3 口　P3 口作为通用 I/O 时，为准双向输入、输出端口，其结构图如图 1-8 所示。其性能和使用方法与 P1 口相同，但其拥有第二功能：

P3.0——串行输入口（RXD）

P3.1——串行输出口（TXD）

P3.2——外部中断 0（INT0）

P3.3——外部中断 1（INT1）

P3.4——定时/计数器 0 的外部输入口（T0）

P3.5——定时/计数器 1 的外部输入口（T1）

P3.6——外部数据存储器写选通（WR）

P3.7——外部数据存储器读选通（RD）

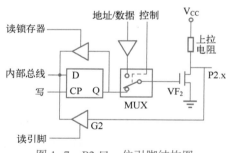

图 1-7　P2 口一位引脚结构图

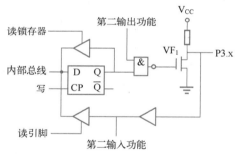

图 1-8　P3 口一位引脚结构图

3. I/O 口的输入、输出操作

51 系列单片机没有专门针对 I/O 口的操作指令，而是利用对内部 RAM 的操作指令对 I/O 口进行操作，操作的方式有两种：8 位整体操作和位操作。

下面以 P1 口为例，利用 C 语言进行 I/O 口的操作。

输出操作：

```
P1=0x55;        //从 P1 口输出十六进制数 55
LED=1;          //将 P1.1 端口置 1,事先用 sbit LED=P1^1;定义好端口变量名
```

输入操作：

```
P1=0xff;        //设置 P1 口为输入口,先输出"1"
Key=P1;         //将 P1 口的值读入并赋值给变量 Key
light= P1^1;    //将 P1.1 口的值读入并赋值给位变量 light
```

从上例中可以看出，51 系列单片机中进行 I/O 口的输入、输出操作一般采取赋值的方式，

当然很多情况下，也可直接将端口的值放入表达式中进行计算。

1.1.4 设计 AT89S51 单片机最小系统

任务描述

单片机的最小系统是指单片机工作必须具备的硬件条件。请仔细分析单片机的各外部引脚的功能，设计出 AT89S51 单片机的最小系统图。

任务分析

根据 1.1.3 节中对单片机外部引脚的分析可以看出，单片机的外部引脚分为 4 类：电源引脚、时钟引脚、控制引脚以及 I/O 口，其中最小系统中可以不包含 I/O，但是其他 3 类引脚都必须明确其连接方式，如图 1-9 所示。

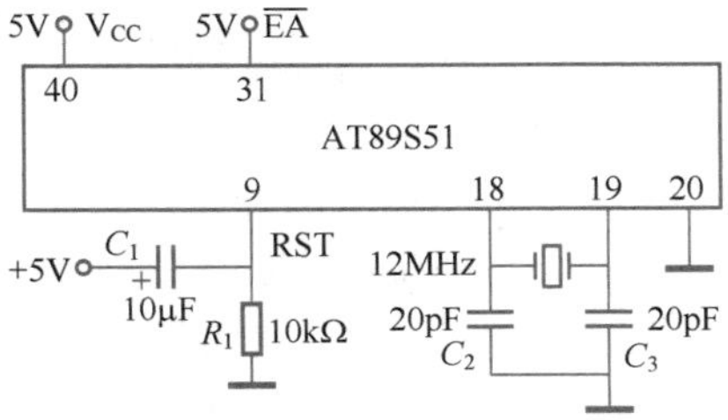

任务实施

1. 电源电路设计

图 1-9 最小系统

51 系列单片机的正常工作电源电压为 5 V，也可以有一点偏差。单片机的 V_{CC}（40 脚）接 5 V 电源的正极，GND（20 脚）接地。其中 AT89S51 单片机片内有 ROM，因此一般情况下 $\overline{EA}$ 引脚接高电平。

2. 振荡电路设计

单片机是一个比较复杂的电路，要使它有条不紊地工作，必须有一个指挥员统一口令、统一指挥。而这个统一口令就是单片机的时钟，而统一指挥就是这个时钟提供的时序。振荡电路就是用来产生这个时钟和时序的电路。AT89S51 内部含有振荡电路，只需要在 18 脚和 19 脚之间接上石英晶体，给单片机加上工作所需直流电源，振荡器就开始振荡。振荡电路为单片机工作提供所需的时钟脉冲信号，使单片机的内部电路和程序开始工作。振荡电路不工作，整个单片机电路都不能正常工作。AT89S51 常外接 6 MHz、12 MHz 的石英晶体。18 脚和 19 脚分别对地接了一个 20 pF 的电容，目的是防止单片机自激。

单片机的工作是在时序控制下进行的。时序控制是由单片机内部的硬件系统自动完成的，读者不需要详细了解，只要掌握以下几个基本的概念即可。

1）时钟周期：时钟频率（振荡频率）的倒数，是保证单片机协调工作的基本信号。

2）机器周期：51 系列单片机的基本定时单位。12 个时钟周期构成一个机器周期。51 系列单片机指令的执行都是以机器周期为时间单位，以机器周期数来衡量 CPU 执行一条指令所需的时间。当时钟频率为 6 MHz 时，一个机器周期为 2 μs；当时钟频率为 12 MHz 时，一个机器周期为 1 μs。

3）指令周期：CPU 执行某条指令所需要的时间（机器周期数）。51 系列单片机的指令周期有 3 类：单机器周期、双机器周期和四机器周期。这一概念在汇编语言编程时使用较多。

4）指令字节：指令占用存储空间的长度，指令长度单位用字节表示。MCS-51 系列单片机的指令字节有 3 类：单字节、双字节和三字节。

注：关于指令周期和指令字节两个概念，在利用汇编语言来编程时需要注意，而利用 C 语言来编程则不需要过多强调。

3. 复位电路

复位是单片机的一个重要工作状态。单片机系统都是由复位状态进入正常工作状态，当系统发生故障时也可以通过复位的方法恢复到正常的工作状态。因此，为保证单片机能正常工作，必须有复位电路。

1）复位条件。要实现复位操作，必须在 RST 引脚（9）上保持两个机器周期以上的高电平。即当时钟频率为 6 MHz 时，一个机器周期为 2 μs，则需保持 4 μs 以上的高电平；当时钟频率为 12 MHz 时，一个机器周期为 1 μs，则只需保持 2 μs 以上的高电平。电路复位后程序从头开始运行。

2）复位电路。AT89S51 单片机的复位电路有两种：上电复位电路和按键复位电路。图 1-10 中的电容 C_1（10 μF）和电阻 R_1（10 kΩ）构成了上电复位电路。RC 构成微分电路，在通电的瞬间，产生微分脉冲，只要脉冲的宽度大于两个机器周期，就能完成单片机的复位。因此，需选择合适的电阻和电容。若系统用 6 MHz 的晶振，一般选择 22 μF 电容、1 kΩ 电阻；若系统用 12 MHz 的晶振，可选择 10 μF 电容、10 kΩ 电阻。

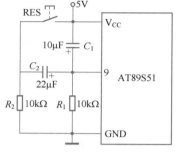

图 1-10　按键复位电路

在上电复位电路的基础上增加了一个按键 RES、C_2 和 R_2 构成的电路。若要复位，只需按下 RES，C_2 和 R_1 构成微分电路会在单片机的 RST 端产生一个微分脉冲。同样可以通过对 C_2 电容量的选择来控制微分脉冲的时间，只要这个时间大于两个机器周期，单片机就会完成复位。松开按键后，C_2 经 R_2 放电，等待下一次按键。由于是在上电复位电路的基础上增加了功能，因此电路也具有上电复位的功能。

4. 程序下载接口电路

单片机中运行的程序通常在电脑上相应的编程软件中进行编写、编译并生成目标文件后再下载到单片机中。不同型号的单片机有不同的程序下载方式。AT89S51 单片机不仅支持程序的并行写入，也支持 ISP 的串行写入。利用专门的程序下载转接口，将程序通过单片机 P1 口中的 P1.5、P1.6、P1.7 三个引脚写入到 AT89S51，速度快、稳定性好，同时不需要 V_{PP} 烧写高压，只要 4~5 V 供电即可完成写入。

任务小结

在进行 51 单片机最小硬件系统电路设计的过程中，介绍了关于单片机的基础知识，以及 AT89S51 单片机的内部结构和外部端口，需要重点掌握单片机的外部引脚排列以及其运行的基本条件，为后续单片机的使用做好铺垫。读者在学习过程中可以多了解单片机的最新应用技术及其发展方向，用发展与创新的思维方式观察和了解工业生产与日常生活中接触到的智能产品，与专业知识相结合，拓宽视野。

任务 1.2　绘制 Proteus 仿真图

在单片机系统设计过程中，需要对硬件原理图进行设计与绘制，而为了更好地验证设计的功能与合理性，更需要一个不依赖于实际电路，只是进行原理图设计就可以进行程序运行调试的仿真环境。

Proteus 可以为单片机系统设计人员提供一个硬件原理图绘制以及软件仿真平台，任务的要求就是在熟悉软件基本界面以及常用工具栏的基础上，学习软件绘图的基本步骤，然后独立绘制出单片机的最小系统图。

Proteus 是 Labcenter Electronics 公司研发的多功能 EDA 软件，Proteus ISIS 是其中一个组件，其主要功能是原理图输入。在 Proteus ISIS 的编辑区中，能方便地完成单片机系统的硬件设计、软件设计、单片机源代码级调试与仿真。Proteus ISIS 提供了丰富的元器件库和元器件仿真模型。其支持的单片机类型有：68000 系列、8051 系列、AVR 系列、PIC12 系列、PIC16 系列、PIC18 系列、Z80 系列、HC11 系列以及各种外围芯片。它们是单片机系统设计与仿真的基础。

Proteus 提供了十余种信号激励源和虚拟仪器（如示波器、逻辑分析仪、信号发生器等），可提供软件调试功能，既有模拟电路仿真、数字电路仿真、单片机及其外围电路组成的系统的仿真，还有高级图表仿真（ASF）。目前，Proteus 已成为流行的单片机系统设计与仿真平台，应用于各种领域。本书主要介绍介绍 Proteus ISIS 的工作环境和一些基本绘图、仿真操作（本书使用的 Proteus 版本是 Proteus 7.7 Professional SP2 版）。

1.2.1 Proteus 基本介绍

双击 Proteus ISIS 的快捷方式 ，打开软件基本工作界面，如图 1-11 所示。

1-5
Proteus 软件基本界面

从图 1-11 中可以看出，Proteus ISIS 基本工作界面除了一些工具栏以外，主要包括 3 个部分，右侧的大块空白区域 1 是原理图编辑窗口，左下方的长方形区域 2 为对象选择器窗口，左上角的正方形区域 3 为预览窗口。

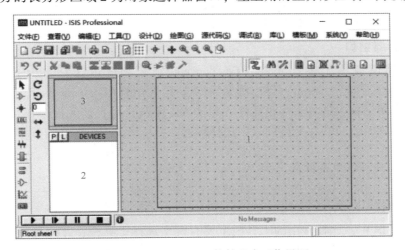

图 1-11　Proteus ISIS 软件基本工作界面

1. 原理图编辑窗口

该窗口用来绘制原理图的可视范围。它的基本操作不同于常用的 Windows 应用程序，正确的操作是：鼠标滚轮缩放原理图、左键放置元件、右键选择元件、双击右键删除元件、先右键立刻左键编辑元件属性；先右键后左键拖动元件，连线用左键，删除连线用右键。

（1）坐标原点　在原理图编辑窗口内进行电路原理图的编辑和绘制时为了方便，Proteus ISIS 中坐标系统的基本单位是 10 nm，但坐标系统的识别单位被限制在 1th（th 为 thou 的简写，thou 是英制单位，叫毫英寸，即千分之一英寸（inch），1 th = 25.4×10⁻³ mm）。坐标原点默认在图形编辑区的中间，可以通过 View 菜单的 Origin 命令进行修改。一旦坐标原点确定，鼠标移动点的坐标值就能够显示在界面右下角的状态栏中。在进行原理图绘制时，如果需要精确定位元件的位置，就可以通过其坐标值来确定。

（2）窗口栅格和捕捉　原理图编辑窗口内可以通过 View 菜单的 Grid 命令来显示或关闭点状栅格。点状栅格可以在放置元件和连线时帮助定位，使画出的原理图更加整齐美观。栅格中点与点之间的间距由当前捕捉的设置决定。捕捉的尺度可以由 View 菜单的 Snap 命令设置，例如通过 View 菜单选中 Snap 50 th，你会注意到鼠标在图形编辑窗口内移动时，坐标值是以固定的步长 50 th 变化，这称为捕捉。如果想要确切地看到捕捉位置，可以使用 View 菜单的 X-Cursor 命令，选中后将会在捕捉点显示一个小的或大的交叉十字。

（3）设置图样大小　在绘制原理图时，有些原理图很复杂，软件中默认图样的大小可能放不下，而有时候图形非常简单，不需要很大的图样。可以利用 System 菜单下的 Set Sheet Sizes 命令来设置，如图 1-12 所示。长宽都可以直接设置，也可以直接选择图样大小（in 表示英寸。1 in = 25.4 mm）。

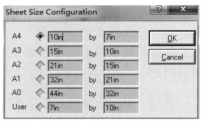

图 1-12　设置图纸大小对话框

2. 预览窗口

它可以显示两个内容：一是在元件列表中选择一个元件时，它会显示该元件的预览图；二是当光标落在原理图编辑窗口时（即放置元件到原理图编辑窗口后或者在原理图编辑窗口中单击鼠标左键后），它会显示整张原理图的缩略图，并会显示一个绿色的方框，方框里面的内容就是当前原理图编辑窗口中显示的内容，因此，可在它上面按住鼠标左键并拖动来改变方框的位置，从而改变原理图的可视范围。

3. 对象选择器窗口

对象选择器窗口用于挑选元件（Components）、终端接口（Terminals）、信号发生器（Generators）、仿真图表（Graph）等。例如当你选择"元件（Components）"，单击"P"按钮会打开挑选元件对话框，选择了一个元件（单击 OK 按钮）后，该元件会在元件列表中显示，以后要用到该元件时，只需在元件列表中选择即可。

 注：同一元件可以重复放置。

4. 常用工具栏

在 Proteus ISIS 中，比较常用的工具栏主要有模型选择工具栏、方向选择工具栏、仿真工具栏、显示工具栏等。下面分别进行简单介绍。

（1）模型选择工具栏　模型选择工具栏用来放置各种类型的元件模型，分成三个大类：

1）主要模型（Main Modes）工具栏 ▓，从左到右依次为：

① 选择元件。

② 选择元件模型（Components），结合按钮 P 即可选择电路图中需要用到的各种元件。

③ 放置连接点，为两条相交的导线放置节点，表示电气相连的关系。

④ 放置网络标号，两条导线如果放置了相同的标号，则表示在电气上相连。如果原理图比较复杂，容易出现交叉线或者很长的连线时可以用这个方法使图形看起来简洁。尤其是使用总线绘图时，更需要用到它。

⑤ 输入文本。

⑥ 用于绘制总线。

⑦ 用于放置子电路。

2）配件（Gadgets）：

① 终端接口（Terminals）：有 V_{CC}、地、输出、输入等接口。

② 器件引脚：用于绘制各种引脚（在自己制作元件模型时用到）。

③ 仿真图表（Graph）：用于各种分析，如噪声分析（Noise Analysis）。

④ 录音机。

⑤ 各种信号发生器（Generators），如脉冲、正弦波等。

⑥ 电压探针：使用仿真图表时要用到。

⑦ 电流探针：使用仿真图表时要用到。

⑧ 虚拟仪表：有示波器等。

3）2D 图形绘图工具栏　（主要在制作元件模型时用到）：

① 画各种直线。

② 画各种方框、圆、圆弧、多边形。

③ 画各种文本、符号、中心点等。

（2）方向工具栏

1）旋转：旋转角度只能是 90 的整数倍。

2）完成水平翻转和垂直翻转。

3）使用方法：先右击元件，再单击相应的旋转图标。

（3）仿真工具栏　　　　　　　　　其代表运行、单步运行、暂停和停止。

（4）显示工具栏　　　　　　　　　其分别代表刷新、显示网格、设置原点、光标移到图样中心位置、放大图纸显示、缩小图纸显示、显示整张图纸、显示光标选择的区域。

1.2.2　电路图绘制与仿真

一般情况下，利用 Proteus ISIS 进行单片机原理图绘制与仿真可以按照以下几个基本步骤来进行，不是每一个步骤都是必需的，可以按照实际情况来选择。

1）新建设计文件。

2）设置编辑环境：用户可以定义图形外观，包括线宽、填充类型、字符大小风格等。

3）元件放置、原理图连线：提取元件、放置元件、调整方向和位置、修改元件参数。

1-6
proteus 绘图
基本步骤

4）单击元件引脚进行连线。

5）放置电源和接地符号。

6）按需要放置虚拟仪器仪表或仿真图表、加载单片机程序。

1-7
Proteus 绘图
仿真实例

7）按仿真工具栏中相应按钮进行仿真。

下面以绘制如图 1-13 所示的单片机流水灯电路并进行仿真为例来进行具体说明。

1. 新建设计文件

双击 Proteus ISIS 图标，打开软件界面。执行 File 菜单下的 New Design 命令，在弹出的

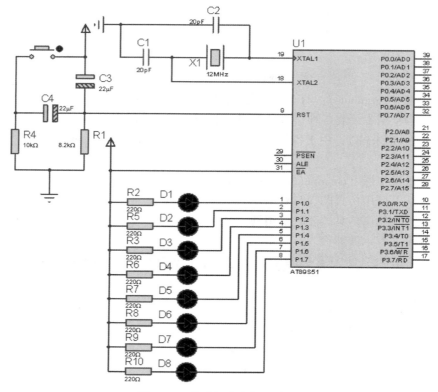

图 1-13　单片机流水灯电路图

"新建模板"对话框中，选择第一个 DEFAULT，单击 OK 按钮确定。单击"保存"按钮，在弹出的对话框中，选择存放文件的路径，并输入文件名，保存类型不需要修改。完成以后单击"保存"按钮，即可完成设计文件的新建，开始绘制电路图。

2. 设置编辑环境

（1）网格的显示与隐藏　按下工具栏中的按钮▦时，图形编辑窗口中显示网格点，按钮弹起来时网格不显示。这一项可以按照个人习惯来进行设置。

（2）图纸大小的设置　用 System 菜单下的 Set Sheet Size 命令设置图纸的大小，本书选择默认大小。

（3）颜色相关项的设置　单击 Template 菜单下的 Set Design Defaults 命令，会出现原理图各部分颜色设置的对话框，可以对基本颜色（Colors）和仿真注释时相关部分颜色（Animation）进行设置。

3. 放置元件并连线

（1）从元件库中提取绘图需要的元件　在模型选择工具栏中选择"元件（components）"按钮➡，再单击元件提取按钮"P"就会打开元件选择对话框，如图 1-14 所示。

选择元件有两种方式：一种方式是知道要找元件的名称，然后直接在 Keywords 栏中输入，即可在右侧窗口中选取；另一种方式是通过下面的元件类别和子元件类别一级一级查找，然后找到满足要求的元件。

图 1-14　从元件库中提取元件对话框

表 1-6 所示为 Proteus ISIS 中常用元件所属类别，可以作为元件查找的依据。

表 1-6　Proteus ISIS 中常用元件类别

元件类别	对应的中文名称	备注
Analog Ics	模拟集成芯片	电源调节器、定时器、部分运算放大器
Capacitors	电容	
CMOS 4000 series	4000 系列 CMOS 器件	
Connectors	连接器	插座、排插等
Data Converters	数字转换器件	A/D 转换、D/A 转换集成电路
Diodes	二极管	
Electromechanical	机电器件	电风扇、各种电动机
Inductors	电感	
Memory Ics	存储器	
Microprocessor Ics	微控制器	51 系列单片机、PIC 系列等
Miscellaneous	各种独立元器件	电池、晶振、熔丝、天线、红绿灯、串行口
Operational Amplifiers	运算放大器	
Optoelectronics	光电器件	LED、LCD、数码管、光电耦合器等
Resistors	电阻	
Speakers & Relays	扬声器	
Switches & Relays	开关与继电器	按钮、开关、继电器等
Switching Devices	晶闸管	单向、双向晶闸管等
Transducers	晶体管	晶体管、场效应管等
TTL 74 series	74 系列数字电路	
TTL 74LS series	74 系列低功耗数字电路	

本任务中所需元件名称见表 1-7。

表 1-7　本任务中所需元件名称

序　号	元　件	Proteus ISIS 软件中的名称
1	单片机	AT89C51（软件中如果没有 AT89S51 单片机，用此代替，下同）
2	电容	CAP
3	极性电容	CAP-ELEC
4	晶振	CRYSTAL
5	电阻	RES
6	黄色 LED	LED-YELLOW
7	按钮	BUTTON

（2）将元件放置到图样中　单击元件列表中相应的元件后，将光标移到绘图窗口时，光标变成一支小笔的形状。将这支小笔移动到要放置元件的位置，再次单击鼠标左键，即可将对应的元件放置到图样上。图 1-15 所示为初步放置好的图形。

从图 1-15 中可以看出，要想绘制出要求的图形，部分元件需要移动，元件的方向需要调整，元件参数需要修改，操作过程中还有可能出现错误，或存有多余的元件，这涉及元件的删除与复制粘贴，下面分别进行介绍。

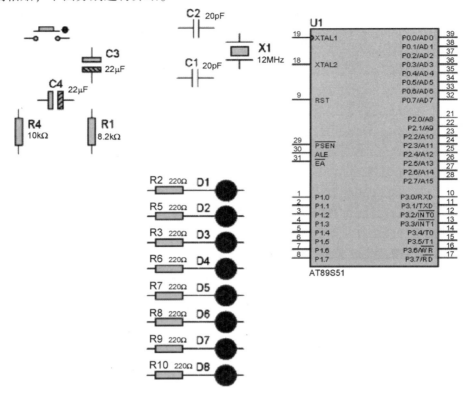

图 1-15　元件初步放置好的图形

1）元件移动（单击鼠标左键并按住左键移动）。鼠标左键单击需要移动的元件，此时元件将处于选择状态，光标在元件上将显示成一只小手边上带一个移动的图标。在这种状态下按住鼠标左键移动，该元件将和光标一起移动到指定位置。也可以按住鼠标左键选择多个元件，然后再次按住左键移动。

2）元件复制粘贴（单击鼠标左键→单击复制按钮→单击粘贴按钮）。鼠标左键单击需要复制的元件，使其处于选择状态，然后单击工具栏中的复制按钮，再单击粘贴按钮，即可以完成元件的复制粘贴（复制和粘贴按钮与 Windows 基本工具栏中的按钮相同）。也可以按住鼠标左键选择多个元件，进行复制粘贴。

3）元件删除（单击鼠标右键→选择 Delete Object）。在需要删除的元件上单击鼠标右键，会弹出一个快捷菜单，选择其中的 Delete Object 命令即可删除元件，也可以在鼠标左键选中元件的状态下单击工具栏上的剪切按钮。也可以按住鼠标左键选择多个元件，进行删除。

4）元件方向调整（单击右键→选择旋转方式）。在需要进行方向调整的元件上单击鼠标右键，会弹出一个快捷菜单，其中有软件提供的 5 种元件方向调整命令，如图 1-16 所示。命令从上到下分别为顺时针旋转 90°、逆时针旋转 90°、180°旋转、水平方向翻转、垂直方向翻转。

5）元件参数修改（双击鼠标左键）。双击需要改参数的元件，将会打开 Edit Component 对话框。在电

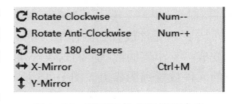

图 1-16　调整元件方向快捷命令

阻属性的编辑对话框里，可以改变电阻的标号、电阻值、PCB 封装等。修改完毕，单击 OK 按钮即可（其他元器件操作方法相同）。

4. 连线导线

绘制电路图时，可能会遇到绘制普通导线和总线、总线分支等多种情况，有时候还需要在多条导线交叉的位置放置节点。下面分别介绍。

（1）画导线　Proteus 可在画线时进行自动检测：当光标靠近一个对象的连接点时，就会出现一个"×"号，单击元器件的连接点，移动鼠标（不用一直按着左键）粉红色的连接线会变成深绿色。如果想让软件自动定出线路径，只需单击另一个连接点即可。这就是 Proteus 的线路自动路径（WAR）功能，如果只是在两个连接点单击鼠标左键，WAR 将选择一个合适的路径。WAR 可通过工具栏里的 WAR 命令按钮 📇 来关闭或打开，也可以通过菜单栏 Tools→ Wire Auto Router 命令来关闭或打开。

（2）画总线　为了简化原理图，可用一条导线代表数条并行的导线，即总线。单击模型选择工具栏中的"总线"按钮，即可在编辑窗口画一条总线（单击鼠标左键→单击鼠标左键…双击鼠标左键结束）。

（3）画总线分支线　单击模型选择工具栏中的"选择元件"按钮，画总线分支线，它是用来连接总线和元器件引脚的。画总线分支线时为了和一般的导线区分，一般画斜线来表示，注意这时需要把 WAR 功能关闭。画好分支线还需要给分支线命名，相同的名字表示它们连接在一起，放置方法是单击连线工具条中的 ᴸᴮᴸ 按钮或者执行 Place/Net Label 菜单命令，输入标号后单击 OK 按钮即可。注意一定要将设置好的网络标号放在先前放置的短导线上面。

（4）放置线路节点　如果在交叉点有电路节点，则认为两条导线在电气上是相连的，否则就认为它们在电气上不相连。Proteus ISIS 在画导线时能够智能地判断是否要放置节点。但在两条导线交叉时是不放置节点的，这时要想将两条导线电气相连，只能手工放置节点。单击工具栏的"节点放置"按钮 ✛ ，当把光标移到编辑窗口并指向一条导线时，会出现一个"×"号，单击鼠标左键就能放置一个节点。

5. 放置电源和接地符号

单击模型选择工具栏中的"终端"按钮，元件列表窗口中将出现一些接线端，如图 1-17 所示。单击列表中的 POWER 与 GROUND，再将光标移到原理图编辑区，鼠标左键单击一下即可放置电源符号，同理也可以把接地符号放到原理图编辑区（这两个符号也可以利用旋转命令进行方向调整）。

经过以上几个步骤后，就可以完成原理图的绘制。

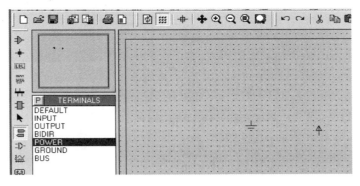

图 1-17　放置电源和接地符号

6. 加载单片机 HEX 程序

在绘制好的电路图中双击单片机，在出现的对话框里单击 Program File 按钮，装入经过编译得到的 HEX 文件，然后单击 OK 按钮，如图 1-18 所示。

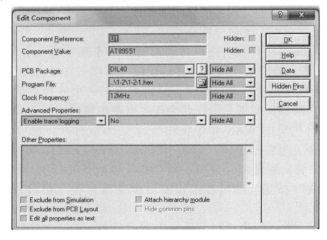

图 1-18　图形中单片机加载源程序对话框

7. 仿真调试

单击仿真工具栏中的"运行"按钮，进入调试状态。从电路图上可以观察 8 个 LED 是否按照要求呈现规律的变化，如图 1-19 所示。

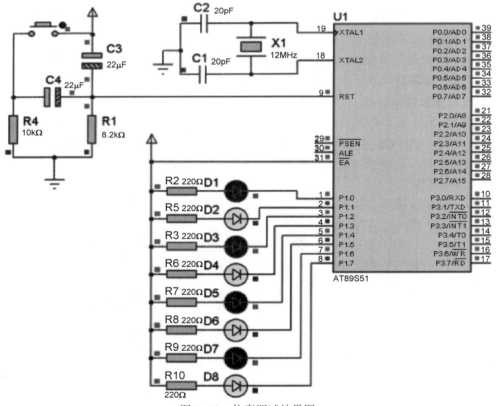

图 1-19　仿真调试效果图

这里以一个具体的任务对 Proteus ISIS 进行绘图的整个过程进行了简要说明，对于一些不常用的功能没有进行阐述，需要的读者可自行查阅相关资料。

1.2.3　绘制 Proteus 单片机最小系统图

任务描述

利用仿真软件 Proteus 绘制出 AT89S51 单片机最小系统，并在单片机的 P1.0 口连接一个 LED，在 P2.0 口连接一个按钮输入电路。

任务分析

在已经掌握了单片机的最小系统电路原理图的基础上，将图 1-8 所示的单片机最小系统电路图用 Proteus ISIS 绘制出来，并在此基础上添加 LED 电路和按钮输入电路。

任务实施

1) 按照设计的单片机最小系统电路图，列出其中所用元件在 Proteus ISIS 中的名称，见表 1-8。

表 1-8　单片机系统中的常用元件名称

序　号	元　件	Proteus ISIS 中的名称
1	单片机	AT89C51
2	电容	CAP
3	极性电容	CAP-ELEC
4	晶振	CRYSTAL
5	电阻	RES
6	红色 LED	LED-RED
7	按钮	BUTTON

2) 运行 Proteus ISIS，进入主界面，设置好图样参数后单击 "P" 按钮，出现挑选元件对话框，依次将以上元件放置到软件绘图区的相应位置。

注：1) 如果需要旋转元件，可以在选中元件的情况下单击鼠标右键选择对应的旋转命令。

2) 在 Proteus ISIS 中的单片机没有显示 20、40 引脚，默认为已经连接好电源和接地，因此在 Proteus ISIS 进行单片机系统仿真过程中可以不关注这两个引脚。

3) 将光标放置在元件引脚位置，等光标变成一只小笔的形状后就可以开始按照原理图连线，需要注意的是，连线的起点只能是元件的引脚或者节点，而一个节点最多连接 4 根线。

4) 单击工具栏中的 Terminals Mode 按钮，添加电源和接地符号。

5) 修改元件参数值，双击需要修改的元件，打开 Edit Component 对话框，在相应的位置修改元件的名称和参数。

最终系统图如图 1-20 所示。

任务小结

本次任务希望读者在全面熟悉 Proteus ISIS 的界面以及绘制的各种基本操作方法的基础上，独立完成绘制任务。做任何事情都要做到 "有的放矢"，俗话说得好 "磨刀不误砍柴工"，要

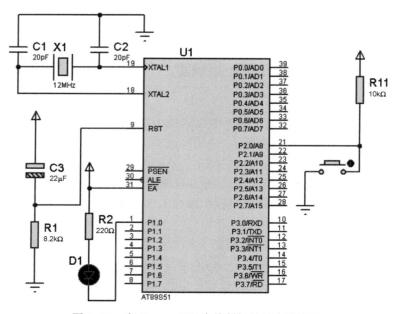

图 1-20　在 Proteus ISIS 中绘制好的最小系统图

想作为一个好的单片机编程设计人员，就要先将基本技能掌握好，基本的工具使用好。希望读者在完成任务后能多多练习。

<table>
<tr><td>项目二</td><td>单片机控制声光报警电路设计与仿真</td></tr>
</table>

项目描述：在熟悉单片机最小系统的基础上，完成简单的编程任务，控制对象为 LED 和小型蜂鸣器，这是在单片机控制电路中最常见的两种输出设备。尤其是对 LED 的控制，要求完成从一个灯到 8 个灯，最后到任意灯的控制。

项目实施：由于是初步接触编程，在实施过程中，可以将任务细分成 4 步，分别是控制声音输出并仿真、编程控制一个灯的输出、编程控制 8 个灯的输出、编程控制任意灯的输出。在进行控制程序编写之前，读者还需要先学习编程用的工具 Keil 软件。

任务 2.1 初涉单片机软件编程

51 系列单片机的程序（软件部分）有两种形式，一种是汇编语言形式，一种是 C 语言形式。不管是哪种语言编写的程序，在下载到单片机中之前，都必须转换成单片机能识别的机器语言。单片机只能处理二进制数，任何程序都将以一系列的 8 位或者 16 位的二进制数的形式存储到单片机中。

在单片机出现之初，程序员就是通过编写各种二进制数组成的程序来实现系统功能的，即机器语言。这种编程方式对编程人员要求太高，不利于单片机的普及应用。后来随着各种编译软件的出现，可以将程序员编写的汇编语言程序或者 C 语言程序翻译成单片机认识的机器语言，才大力推动了单片机的发展。

对于初学者来说，汇编语言编程和 C 语言编程各有优劣：汇编语言编写的程序与单片机内部存储单元结构关系紧密，编写得到的程序运行效率较高，而且对学习者没有语言基础的要求，可以直接学习，但要求编程者对单片机的内部结构和存储单元非常熟悉，而且编写的程序可移植性较差；而 C 语言编程时对单片机内部结构要求不高，程序可移植性好，但需要有一定 C 语言知识的基础。本书将通过一系列的任务带领读者慢慢熟悉如何利用 C 语言编写单片机控制程序。

2.1.1 Keil μVision 编程软件使用

Keil μVision 是美国 Keil Software 公司出品的 51 系列兼容单片机 C 语言软件开发系统，故又称为 Keil C 软件。Keil μVision 提供了包括 C 编译器、宏汇编、链接器、库管理和一个功能强大的仿真调试器等的完整开发方案，通过一个集成开发环境（μVision）将这些部分组合起来。如果读者使用 C 语言编程，那么 Keil 就是不二之选，即使仅用汇编语言编程，其方便易用的集成环境、强大的软件仿真调试工具也可以达到事半功倍的效果。

2-1
Keil 软件的项目和文件新建

1. 软件基本界面

双击软件的快捷方式，打开软件编辑状态下的基本工作界面，如图 2-1 所示。和常用的 Windows 软件窗口一样，Keil μVision 窗口设置有菜单栏、快捷工具栏等，默认打开 3 个窗口：项目管理窗口 1（用来显示项目及文件结构）、输出信息窗口 2（用来显示项目的状态）以及程序编辑窗口 3。

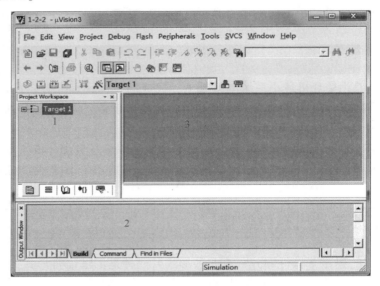

图 2-1　Keil μVision 基本工作界面

2. 创建项目

Keil μVision 的文件管理模式是用一个项目文件来管理多个程序文件（其中只能有一个主函数），虽然程序文件可以独立于项目文件存在，但是在利用软件编译并生成目标文件时，需要将程序文件添加到项目文件中。因此在为一个新系统进行程序编写时，首先要创建一个项目文件。

（1）创建项目文件（Project→New Project）　打开 Keil μVision，选择 Project→New Project 菜单命令，软件将会打开一个新建项目的对话框，与常见的新建文件对话框类似，需要选择存储路径并命名。在这里建议提前单独新建一个文件夹，可以将新建的项目文件与后面要新建的程序文件放在一个文件夹中，方便管理。在进行项目文件命名时，注意保持文件扩展名为".uv2"不变。然后单击 OK 按钮确定后，会弹出图 2-2 所示的选择单片机型号的对话框。

这里的单片机型号要根据硬件中使用的单片机型号来选择，本书编写的程序都是以 AT89S51 单片机为应用对象，因此在这里选择 Atmel 大类中的 AT89C51 单片机（AT89C51 单片机与 AT89S51 单片机在硬件资源和软件编程上完全兼容，不同的是 AT89S51 有 Flash ROM，支持 ISP，不需要单独的编程器，比较适合初学者使用，因此在此处可以用 AT89C51 替代）。

（2）新建程序文件（File→New）　选择 File→New 菜单命令，在程序编辑窗口自动打开一

个文件名为"Text 1"的文件，单击工具栏中"保存"按钮，会弹出保存文件对话框，选择文件存储路径、输入文件名。建议将该文件存放到上一步项目文件的同一个文件夹中，文件名可以随意。但需要注意的是，文件的扩展名一定要根据编程用的语言来输入：如

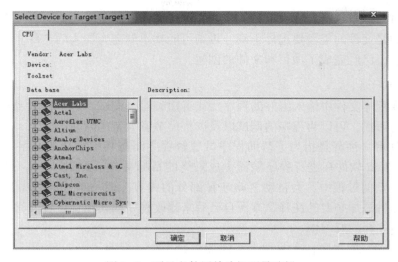

图 2-2 项目文件用单片机型号选择

果将要输入的程序为汇编语言程序，则扩展名为“.asm”；如果用 C 语言编程，则扩展名为
“.c”，然后单击 OK 按钮确定。

 注：汇编语言编写的程序扩展名为“.asm”。C 语言编写的程序文件扩展名为“.c”。
而编译后得到的可以下载的单片机中的机器语言文件扩展名为“.hex”。Keil μVision 项
目文件扩展名为“.uv2”或“.uvproj”（不同版本的 Keil 软件该扩展名不同）。

（3）将程序文件添加到项目文件中　此时，虽然保存好的程序
文件已经可以输入程序，但是软件却还不能对输入的程序进行编译、
调试，必须将程序文件添加到项目文件中。如图 2-3 所示，创建好
项目文件后，在项目管理窗口可以看到一个名为“Target 1”的文件

夹，单击其前方的“+”号，在其下方会出现一个名为“Source Group 1”的文件夹。右击该文
件夹，在其中选择 ADD Files to Group 'Source Group 1'命令。

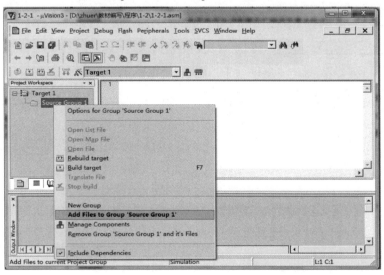

图 2-3 为项目文件添加程序文件

在弹出的对话框中选择要加入项目的文件，这个文件可以是新建的，也可以是提前准备好的，需要注意的是文件的类型要选择正确，否则可能找不到需要加入的文件。

到这里为止，已经完成了项目和文件的创建。

3. 程序输入

现在可以在程序文件中输入编好的程序，或者边编写边调试。对于初学者来说，输入程序时有一个良好的习惯，可以为程序的调试以及读程序节省大量的时间。

（1）添加注释　注释是指为了帮助程序员理解程序而在其中添加的文字等内容，不是程序的必需部分。Keil 软件在进行程序编译生成最终的目标文件（HEX 文件，最终下载到单片机中的程序文件）的过程中，会自动忽略注释部分的内容。但一个好的程序员应该在条件允许的情况下，尽量添加必要的注释，方便自己后来修改程序或其他合作者读程序。初学者应从一开始就养成做注释的好习惯。

对于 C 语言编写的程序，有两种方法添加注释，每一行的"//"后面代表注释，到该行结束为止，也可以用"/*　*/"来注释，其中间的部分都是注释内容，可以跨行。

（2）注意缩进　不管利用汇编语言还是 C 语言编程，程序中都有一些固定的格式，如果用缩进的方式表示出来，则可以让程序一目了然。

在 C 语言程序中，注意各函数之间可以空一到多行。程序中涉及的"{}"和"()"一定是成对出现，可以利用相同的缩进位置来表示一对。

 注： 前面提到的这些习惯都不是必需的，可以因人而异。各位读者可自行归纳一套适合自己的习惯。

4. 生成目标文件

在保证程序没有语法错误的情况下，单击编译工具栏中的按钮，打开 Options for Target 'target1'对话框，选择 Output 标签，如图 2-4 所示，勾选 Create HEX File 选项，单击"确定"按钮。

2-5
Keil 软件操作
演示 4——生
成 HEX 文件

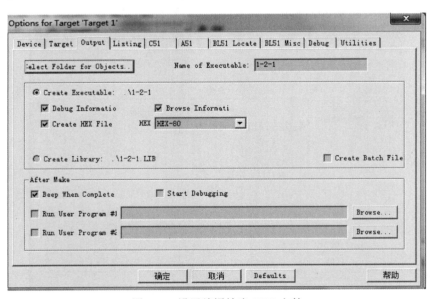

图 2-4　设置编译输出 HEX 文件

单击编译工具栏中的“Rebuild all target files”按钮 Rebuild all target files，编译并生成 HEX 文件。当编译通过并且有 HEX 文件生成时，则可以在软件的 Output Window 窗口中出现成功生成 HEX 文件的语句，如图 2-5 中所示的 creating hex file from "1-2-1"...。

1-2-1
Build target 'Target 1'
assembling 1-2-1.asm...
linking...
Program Size: data=8.0 xdata=0 code=525
creating hex file from "1-2-1"...
"1-2-1" - 0 Error(s), 0 Warning(s).
Output Window
Build
Command
Find in Files
Simulation

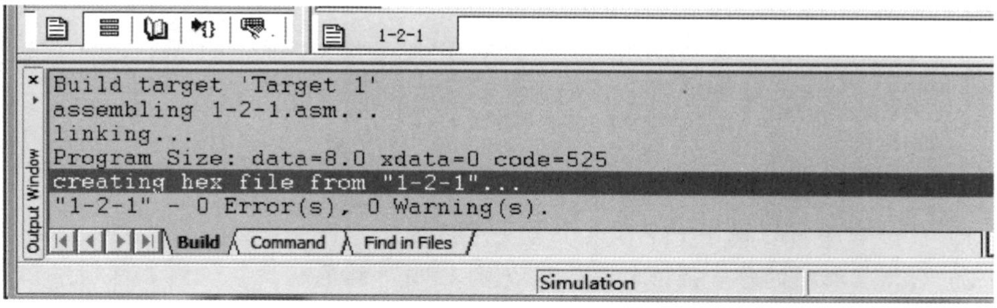

图 2-5　成功生成 HEX 文件

到这里为止，已经完成一个程序文件的编写并最终生成一个可以下载到单片机中的 HEX 文件。

2.1.2　编写简单控制程序

任务描述

为已经绘制好的单片机硬件（如图 1-20 所示）编写控制程序：当 P2.0 口上的按钮按下时，P1.0 口上的 LED 亮，松开时，LED 灭。任务的主要目的是熟悉编程软件的使用及 Proteus 软件的仿真过程，对于程序的理解不做太高的要求，能够基本看懂提供的程序即可。

任务分析

单片机是一个智能处理芯片，能够按照“用户要求”实现不同的功能。这里“用户要求”以程序（软件部分）的形式存储在单片机中，而单片机及其各种外围硬件电路（硬件部分）则是执行程序的基础，二者缺一不可。

上个任务中绘制好的硬件电路已将 LED 电路和按钮电路与单片机引脚相连，通过分析可知：当按钮松开时，P2.0 口的电位应该和电源正极相同，大约为 5 V（高电平“1”）；当按钮按下时，P2.0 口通过按钮与接地符号相连，故其电位为 0 V（低电平“0”）。而对于 LED，当 P1.0 口输出 5 V（高电平“1”）时，其两端的电位差不能使其发光；当 P1.0 口输出 0 V（低电平“0”）时，其两端的电位差将点亮 LED。

注： 1）单片机只能处理数字信号，所有的信号在其看来只有两个取值，要么是高电平（一般用“1”表示），要么是低电平（一般用“0”表示）。

2）单片机与外部电路进行信息传递时除了几个固定功能的控制端口以外，用户可以自己分配利用的有 P0~P3，一共 32 位 I/O 口。单片机在进行端口操作时可以分为输入和输出两种，都是把信息转换成对应的高低电平信号。每个引脚也只可能出现这两种状态，要么高（“1”），要么低（“0”）。

任务实施

1）打开 Keil μVision，并新建一个项目文件，命名为“2-1.uv2”。选择单片机型号为 AT89C51（软件中如果没有 AT89S51，可以用该型号代替），新建一个程序文件“2-1.c”，并将该程序文件添加到项目中。

2）将下面的程序输入到"2-1. c"文件中。

```
#include "reg51.h"
sbit LED=P1^0;      //LED引脚声明
sbit BUT=P2^0;      //按钮引脚声明

void main(void)     //主程序
{
 BUT=1;             //置按钮端为输入态
 while(1)           //循环语言，当圆括号内的值为1时，执行花括号内的内容，故本句为无限循环
 {
  if(BUT==0)        //判断，如果按钮按下，即为0时，执行下面一句
    LED=0;          //LED亮
  else              //否则，即按钮没有按下，为1时，执行下面一句
    LED=1;          //LED灭
 }
}
```

 注：1）C 语言编写的程序中字母大小写要严格区分。

2）C 语言程序的每一条语句最后都必须以";"结尾。

3）程序输入时要注意，符号一定要在英文状态下输入，即半角格式，否则编译时将会报错。

3）单击 按钮，打开调试选项对话框，选择 Output 标签，勾选 Create HEX File，单击"确定"按钮。

4）单击 Rebuild all target files 按钮，编译并生成 HEX 文件，当编译通过并且有 HEX 文件生成时，就可以在软件的 Output Window 中出现成功生成 HEX 文件的语句（见图 2-5）。如果出现了 Error 或者 Warning，则需要对程序的语法等进行错误排查，直到没有 Error 才能生成 HEX 文件。

5）打开 1.2.3 节中用 Proteus ISIS 绘制好的单片机电路图（见图 1-20），双击其中的单片机，打开 Edit Component 对话框，在 Program File 栏中选择上一步生成的 HEX 文件，单击 OK 按钮结束。

6）单击 Proteus ISIS 中的"运行"按钮 ，可以观察到 LED 的状态，当按下按钮时，LED 亮；松开按钮时，LED 灭，仿真图如图 2-6 所示。

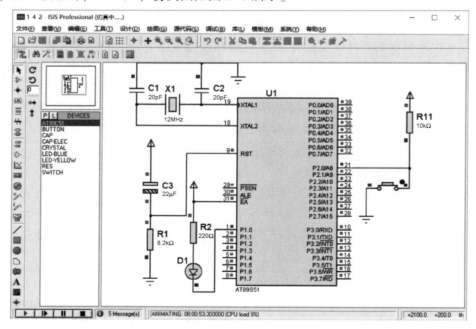

图 2-6　本项目中 Proteus ISIS 仿真界面

任务小结

单片机编程时常用的数有二进制、十六进制以及十进制数，请读者自行学习这 3 种数制表达形式之间的互换关系。

任务2.2　设计声音输出模块并仿真

2.2.1　声音报警与蜂鸣器电路

蜂鸣器是一种一体化结构的电子讯响器，广泛应用于计算机、打印机、复印机、报警器、电子玩具、汽车电子设备等电子产品中作发声器件，通常分为有源和无源蜂鸣器两类。这里的"有源""无源"是指振荡源，即蜂鸣器内部是否带振荡源：有源蜂鸣器内

2-6
声音输出模块
电路设计

部带振荡源，所以直接接上额定电源（新的蜂鸣器在标签上都有注明）就可连续发声，因此这类蜂鸣器在程序控制时很方便；无源蜂鸣器和电磁扬声器一样，需要接在音频输出电路中才能发声，一般情况下输入一个 2~5 kHz 的方波来驱动。虽然无源蜂鸣器程序控制时比有源蜂鸣器麻烦，但是其价格便宜、声音频率可控，可以做出 "do、re、mi、fa、sol、la、si、do" 的效果。

1. 蜂鸣器的驱动

蜂鸣器驱动电路一般包含一个晶体管、一个蜂鸣器、一个续流二极管和一个电源滤波电容。图 2-7 所示为一般的蜂鸣器驱动电路。

其中续流二极管和滤波电容主要是对晶体管起保护作用，防止蜂鸣器两端产生的几十伏尖峰电压损坏驱动晶体管，同时去除电路中的干扰信号。晶体管 VT 起开关放大作用，其基极的高电平使晶体管饱和导通，而低电平则使晶体管关闭。

Proteus ISIS 中提供了 3 种蜂鸣器，分别是 BUZZER、SPEAKER 和 SOUNDER。其中，BUZZER 是有源蜂鸣器，

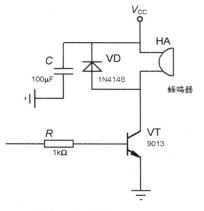

图 2-7　蜂鸣器驱动电路

只需要为其两端加上规定的直流电压就能够连续发出声音（软件中默认电压为+12 V，可以通过其属性栏进行修改）；SOUNDER 是数字蜂鸣器，可以用于 51 单片机的仿真，一般需要接脉冲声音才好听（比如 500 ms 接通，500 ms 断开）；SPEAKER 用于模拟信号的仿真，也需要接脉冲才能发出声音，一般需要几百赫兹的信号。图 2-8 所示为常见的 Proteus ISIS 仿真时蜂鸣器的驱动电路。其中 1 kΩ 电阻可以直接接单片机 I/O 口，电阻值可以根据具体情况调节。

2. 蜂鸣器与单片机连接

在单片机应用的设计上，很多方案都会用蜂鸣器来做提示或报警，如按键按下、开始工作、工作结束或是故障等。下面分别就单片机驱动两类蜂鸣器进行说明。

有源蜂鸣器可以利用直流电压直接驱动，因此只需对单片机对应的驱动 I/O 输出驱动电平并通过晶体管放大得到的驱动电流就能使蜂鸣器发出声音。

无源蜂鸣器需要一个 2~5 kHz 的方波来驱动，因此要求单片机首先要产生一个该频率范围

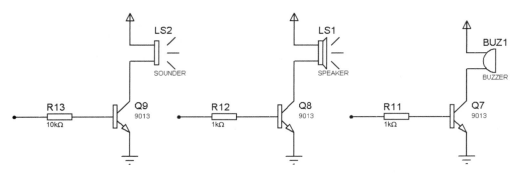

图 2-8　Proteus ISIS 中蜂鸣器的驱动电路

的脉冲波。常用的两种方式为：一种是直接利用单片机 PWM 输出的脉冲信号进行驱动，另一种是通过程序控制单片机 I/O 定时翻转电平产生的波形进行驱动。

1）PWM 输出口直接驱动是利用部分型号的单片机自带的 PWM 端口进行驱动。一般在单片机的软件设置中有几个系统寄存器用来设置 PWM 口的输出，可以设置占空比、周期等，通过设置这些寄存器产生符合蜂鸣器要求频率的波形之后，只要打开 PWM 输出就能输出该频率的方波，再通过晶体管放大就可以驱动蜂鸣器。

 注： AT89S51 单片机没有自带 PWM 功能，需要用第二种方法进行模拟产生脉冲信号。而 STC 系列 STC12C60S2 单片机有自带的 PWM 功能，还有很多其他型号的单片机也有 PWM 功能，有需要的读者可以上相关网站查询。

2）利用单片机 I/O 定时翻转电平来模拟产生一个脉冲信号来驱动。这种方式比较通用，不管单片机有没有自带的 PWM 功能都可以使用。一般利用单片机的定时器来做定时，定时时间一到就采用翻转 I/O 输出电平的方式产生符合蜂鸣器要求频率的波形。例如为 2kHz 的蜂鸣器生成驱动信号，需要的驱动信号周期为 500 μs，可以设置定时器定时时间为 250 μs，定时时间一到，就给驱动蜂鸣器的 I/O 口进行一次电平翻转，即可得到一个频率为 2 kHz、占空比为 50% 的脉冲信号，用来驱动该蜂鸣器。

2.2.2　C51 编程基础

与标准 C 语言相同，C51 程序也是由一个或多个函数构成，但其中必须包含一个且只能有一个主函数（main 函数）。单片机上电或复位后，与汇编程序从 0000H 单元开始执行程序不同，C51 程序从主函数开始执行。可以在主程序中调用其他函数，其他函数之间也可以互相调用。需要注意的是，被调用的函数如果位于主函数之前，可以直接调用，但如果在主函数之后，则必须在主函数之前先声明再调用。

2-7
C51 程序基本结构

1. C51 程序的基本结构

下面是 C51 程序的一般结构。

预处理命令	/* 用于包含头文件等,一般用 include 来实现 */
全局变量声明	/* 此处定义的变量可以被本程序中多个函数引用,值随每次引用而修改 */
引脚定义	/* 单独使用单片机的可编程 I/O 引脚时,需要对引脚进行定义 */
函数 1 声明	/* 在此处不对函数 1 进行定义,只是一个声明语句,放在主函数前,则在主程序中就可以调用该函数 */

```
    函数 n 声明      /*子函数也可以在此处直接定义,后续主函数就可以直接调用而不需要声明*/
    main(  )
      {
          局部变量声明;            //只能在所定义的函数中使用的变量
          执行语句;
          函数调用;
          ……
      }
    函数 1(参数说明)            //定义函数 1
      {
          局部变量声明;
          执行语句;
          函数调用;
          ……
      }
    函数 n(参数说明)            //定义函数 n
      {
          局部变量声明;
          执行语句;
          函数调用;
          ……
      }
```

需要注意的是:并不是每个程序都必须有一般结构中的每个部分,而是根据实际情况来看是否需要,只有主函数在任何程序中必须有,且只能有一个。

2. C51 程序中的函数

(1) 函数的定义　由程序的一般格式可以看出,C51 程序实际上是由一个个函数构成的。而这些函数之间的关系可以总结为调用与被调用的关系,即主调函数与被调函数。其中main 函数只能作为主调函数,调用其他的函数,而其他函数均可以被主函数调用或者互相调用。

1) 函数定义。函数定义的一般格式如下:

```
    函数类型   函数名(形式参数表)
        {
        局部变量定义
        函数体语句
        返回语句
        }
```

其中:

"函数类型"为函数返回值的数据类型,如函数不需要返回值,则为"void"。

"函数名"是用标识符表示的自定义函数名称,可由字母与数字组成。

"形式参数表"中列出了由主调函数往该函数中传递数据的形式参数,包含其数据类。如果不需要进行数据传递,则圆括号中可以为"void"。

"局部变量定义"是在定义在该函数中临时使用的变量，可以没有。

"函数体语句"是该函数真正执行的功能的各种语句的总和。

"返回语句"是指由该函数传递回主调函数的数据，其数据类型应该与函数类型一致。如果不需要返回数据给主调函数，该部分可以省略。

2）函数声明。当被调用函数的定义在主调函数之后时，一般需要在主函数之前或者在主调函数中先对函数进行声明，在后面适当的位置再进行函数定义。函数声明很简单，是函数定义的第一行部分的内容后加";"，即：

函数类型　函数名（形式参数表）；

初学者可能会问，既然要对被调函数进行定义，为什么不直接先定义后调用呢？这主要是一个编程思路的问题，一般情况下，在进行系统编程时，都是先将实现具体功能的函数作为已知函数，然后只需要进行顶层设计，再针对具体功能来逐一编写被调用函数。

举个简单的例子，假设需要实现表达式 $y = ax + \sin x + \cos x$ 的计算，在进行编程时，可以先假设实现 ax、$\sin x$、$\cos x$ 这 3 个计算过程的子函数为已知函数，即先对这 3 个函数进行声明，在主调函数中可以直接调用。因此在进行顶层设计时，只需要考虑 3 个子函数的相加即可。等这一部分完成后，再考虑这 3 个子函数的实现。这种思路比较符合编程人员的一般思路，实际应用时因人而异。

（2）函数调用　在主调函数之前，保证对被调用函数进行了声明或者直接定义后，在主调函数中就可以进行函数调用。C51 程序中函数调用有 3 种形式：

1）函数语句调用。

函数名（实际参数表）；

例如：delay(x)；　　//调用延时子函数，延时时间由 x 的取值确定

这种调用方式不需要被调用函数返回值，只需要其完成一定的操作即可。其中，"实际参数表"中的内容就是从主调函数中传递给被调函数的数据，如例子中的 x 即为主调函数中定义好的变量，其此时的取值传递到被调用的延时函数中。需要注意的是，这里的实际参数表与函数定义中的形式参数表在个数、数据类型和顺序上都必须严格保持一致，才能正确地进行数据传递。

2）函数表达式。在主调函数中将函数调用作为一个运算对象直接出现在表达式中，这种调用方式通常要求被调函数返回一个确定的值。

例如：$y = x + abs(x^2 - 2x)$；　　//其中 abs() 为被调函数，$x^2 - 2x$ 的结果为实际参数

3）函数参数。在主调函数中将函数调用作为另一个函数调用的实际参数。这种在调用一个函数的过程中又调用另一个函数的方式，称为嵌套函数调用。

例如：$y = x + abs(max(x^2, 2x) - 2)$；　　//其中 max() 为被调函数，$x^2$ 和 2x 为实际参数

（3）中断服务函数的定义　中断是单片机提供的一个非常重要的功能，在汇编语言中，中断服务子程序采用固定入口地址的方式进行调用。在 C51 编程过程中，一般不涉及具体的 ROM 地址，因此其中断服务函数定义与调用是中断执行的关键。

51 系列单片机提供 5 个中断源，在 C51 中每个中断源分配了一个中断号，分别对应汇编语言中每个中断对应的入口地址，见表 2-1。

表 2-1　51 系列单片机中断源对应的中断号

中　断　源	中　断　号	中　断　源	中　断　号
外部中断 0	0	定时/计数器 1	3
定时/计数器 0	1	串行口	4
外部中断 1	2		

因此，C51 中中断服务函数定义只需要将一般函数定义的第一行变为

函数类型　函数名(形式参数表)[interrupt n][using n]

其中关键字 interrupt 后的 n 是中断号，而 using 后面的 n 是一个 0~3 的整数，分别用来选择 4 个不同的工作寄存器区。在定义函数时，[using n] 可以省略，软件编译时会自动选择一个寄存器区。

注： 1）中断函数在任何时候都不能直接调用，只能是满足中断条件后自动调用。

2）中断函数不能进行参数传递，也没有返回值，因此一般情况下其数据类型为"void"。

3）在 C51 程序中还有一类由 Keil μVision 编译器提供的函数，称为标准库函数。这种函数不需要用户进行定义，可以直接调用。

3. C51 程序中的常量、变量及运算

（1）数据类型　在 Keil C51 中，支持标准 C 的基本数据类型：

char——字符型。字符型数据长度为一个字节，通常用于定义字符数据的变量或常量，分无符号型（unsigned char）和有符号型（signed char）两种。无符号字符中所有位都用来表示数值，因此数据范围为 0~254。有符号字符中最高位用来表示符号，数据范围为 -128~127。

int——整型。整型数据长度为两个字节，用于定义双字节数据，分为无符号型（unsigned int）和有符号型（signed int）两种。有符号型最高位表示符号位，"0"表示正数，"1"表示负数，负数用补码的形式表示，数据范围 -32768~32767。而无符号整型数据范围为 0~65535。

long——长整型。长整型数据长度为 4 个字节，分为无符号型（unsigned long）和有符号型（signed long）两种。

float——浮点型。浮点型数据在十进制中具有 7 位有效数字，占用 4 个字节。

*——指针型。指针型数据本身就是一个变量，其内存放的是指向另一个数据的地址。针对指向的数据的数据类型不同，指针变量也具有类型。

除此之外，Keil C51 还支持以下几种扩充数据类型：

bit——位。其在 C51 中可以定义一个位变量，但是不能定义为数组和位指针。

sbit——可寻址位。其可以定义 51 单片机 RAM 内的可寻址位或者其 SFR 中的可寻址位。例如：sbit p11=p1^1，将 P1.1 口定义为 p11。

sfr——特殊功能寄存器。它可以定义 51 单片机的内部 8 位 SFR，该类型数据为 8 位，取值范围为 0~254。

sfr16——16 位特殊功能寄存器。它可以定义 51 单片机的内部 16 位 SFR，该类型数据为 16 位，取值范围为 0~65535。

表 2-2 所示为上面几种数据类型的对比信息，利于读者理解与记忆。

表 2-2　C51 语言支持的数据类型对比

数据类型	长　　度	值　　域
unsigned char	1 个字节	0~254
signed char	1 个字节	−128~127
unsigned int	2 个字节	0~65535
signed int	2 个字节	−32768~32767
unsigned long	4 个字节	0~4294967295
signed long	4 个字节	−2147483648~2147483647
float	4 个字节	$-3.402823e\times10^{38} \sim -1.175494e\times10^{-38}$ $1.175494e\times10^{-38} \sim 3.402823e\times10^{38}$
*	1~3 个字节	被指向对象的地址
bit	位	0 或 1
sbit	位	0 或 1
sfr	1 个字节	0~254
sfr16	2 个字节	0~65535

 注：还有一种数据类型称为字符串型，因其由一串字符组成，故通常用字符型数组来表示。

（2）标识符、常量、变量及其定义　在 C51 语言中，规定了一些字符组合来表达特定的意义，称为关键字。它们具有固定的名称和含义，用户在编写程序时，不能使用与关键字相同的字符组合如 int、sfr 等来作为变量名、函数名等。

1）标识符。标识符用来标识程序中某个对象的名称，这些对象可以是语句、数据类型、函数、变量、数组等。标识符由字符、数字和下划线组成，是由字符和下划线开头的字符串。

需要注意的是，C 语言是大小写敏感的语言，例如"delay"和"Delay"是两个完全不同的标识符。系统的关键字也属于标识符的一种，而用户自己定义的标识符称为用户标识符。在命名标识符时最好简单、含义清晰，尽量做到"见文知义"，这样利于程序阅读。

2）常量。常量是指在程序运行过程中不能改变值的量，其数据类型只有整型、浮点型、字符型、字符串型以及位常量。

整型——通常可以用十进制、十六进制等表示，例如 123、0x3B、−0x34。

浮点型——通常用十进制和指数形式表示，例如 0.365、73.89、134e5、−5.3e−2。

字符型——单引号内的字符，例如'a''T'。

字符串型——由双引号内的字符串组成，例如"OK""a"。

位常量——其值只能是二进制数，例如#define False 0x0;//定义 False 为 0。

 注：字符串"a"和字符'a'是不同的，前者在存储时多占用一个字节的空间。

3）变量。变量是一种在程序执行过程中值可以不断变化的量。在程序中要使用一个变量，必须先进行定义，即用一个标识符作为变量的名，并指出其数据类型和存储类型，这样程序在编译时就会自动为该变量分配存储空间。定义一个变量的一般格式如下：

[存储种类]　数据类型　[存储器类型]　变量名表

在定义中，[ ]中的部分是可选项，数据类型和变量名表是必选项。

[存储种类]——在 C51 中，存储种类有 4 种：auto（自动）、extern（外部）、static（静态）、register（寄存器）。默认为自动型。在编程中，一般采用默认状态。

数据类型——用来规定变量在单片机中占用的存储空间和数据存储形式，可以是前面介绍的几种常用的数据类型。

[存储器类型]——这一项用来确定定义的变量在单片机中的存储位置，有内部数据存储器 data、可位寻址的内部数据存储器 bdata、程序存储器 cade 等。一般在编写小型程序时，都采用默认形式，使变量的读存达到最大效率，此处不做过多介绍。

变量名表——即定义变量的名称，可以一次定义一个变量。也可以一次定义多个变量，变量名之间用","分隔。

例如：unsigned char i,j;bit flage;sfr P1＝0x90。

（3）运算符与表达式　C51 提供的运算符有很多，而由各种运算符与运算对象组合起来的式子称为表达式。运算符按照其在表达式中所起的作用分为赋值运算符、算术运算符、增量和减量运算符、关系运算符、逻辑运算符、位运算符、复合运算符等，具体内容见表 2-3。

表 2-3　C51 语言中的运算符

类　　别	运　算　符	备　　注
赋值运算符	＝（赋值）	例如：i＝10;
算术运算符	＋（加或取正）　 －（减或取负） ＊（乘）　／（除）　％（取余）	例如：y＝a＊b;
增量、减量 运算符	＋＋（自加）　－－（自减）	i++与++i 不同，前者是先使用 i，再加 1，后者是先加 1，再使用 i。自减运算与其类似
关系运算符	＞（大于）　　　　＜（小于） ＞＝（大于等于）　＜＝（小于等于） ＝＝（等于）　　　!＝（不等于）	运算结果只能为 0 或 1 前 4 种运算优先级高于后两种
逻辑运算符	‖（逻辑或）　&&（逻辑或） !（逻辑非）	运算结果只能为 0 或 1 通常用于判断某个条件是否满足
位运算符	～（按位取反）　　＜＜（左移） ＞＞（右移）　　　&（按位与） ^（按位异或）　　｜（按位或）	运算优先级为：按位取反→左移、右移→按位与→按位异或→按位或
复合运算符	＋＝（加法赋值）　 －＝（减法赋值） ＊＝（乘法赋值）　 ／＝（除法赋值） ％＝（取余赋值）　 ＜＜＝（左移赋值） ＞＞＝（右移赋值）　 &＝（与赋值） ｜＝（或赋值）　　 ^＝（异或赋值） ～＝（逻辑非赋值）	先对变量进行某种运算，再将结果赋给该变量
条件运算符	逻辑表达式? 表达式 1: 表达式 2	先计算表达式的值，为真（非 0）时，表达式 1 的值为整个条件表达式的值；为假（0）时，表达式 2 的值为整个条件表达式的值。例如：min＝(a<b)? a;b;
逗号运算符	,（将两个或多个表达式连接起来）	整个表达式的值是最右边表达式的值
指针和地址运算符	变量＝＊指针变量 指针变量＝& 目标变量	例如：char ＊p;　　//定义指针变量 　　　 p＝&a;　　//取变量 a 的地址给 p

4. C51 程序中的基本语句

（1）表达式语句　表达式语句是 C51 中提供的最基本的语句，只需要在表达式后面加一

个";"即可组成,也可以由单独一个";"构成一个语句,称为空语句。

(2) 复合语句 复合语句是由多条基本语句组成,由一个"{}"括在一起的一个功能块,复合语句最后的花括号处不需要";"结束,但内部每条单独的语句必须以";"结束。

实际上,前面介绍的函数定义时的函数体部分就是一个符合语句。需要注意的是,复合语句在运行时各单条语句依次顺序执行。复合语句允许嵌套。

(3) 条件语句 条件语句又称为分支语句,由关键字"if"构成,一般有以下3种形式:

1) if(条件表达式)语句

其含义为:若条件表达式为真,则执行后面的语句;反之,则不执行后面的语句。注意,这里的语句可以是复合语句。例如:

```
if(key==0) led=0;   // 如果 key 等于 0,则给 led 赋值 0。
```

2) if(条件表达式)语句 1
   else 语句 2

其含义为:若条件表达式为真,则执行语句1;反之,则执行语句2。注意,这里的语句1和语句2都可以是复合语句。例如:

```
if(key==0) led1=0;   // 如果 key 等于 0,则给 led1 赋值 0
else led2=0;         // 如果 key 不等于 0,则给 led2 赋值 0
```

3) if(条件表达式 1) 语句 1
   else if(条件表达式 2) 语句 2
   else if(条件表达式 3) 语句 3
   ......
   else if(条件表达式 m) 语句 m
   else 语句 n

其含义为:若条件表达式1为真,则执行语句1;反之,则判断条件表达式2,若为真,则执行语句2;若条件表达式2为假,则判断条件表达式3,依次类推。直到条件表达式m也为假,则直接执行语句n。这里的语句1一直到语句n都可以是复合语句。

这种条件语句常用来实现多方向条件分支。

(4) 开关语句 开关语句也是用来实现多方向条件分支的语句。上面介绍的条件分支语句在实行时,需要多次计算,嵌套也比较多,有些时候使用不够简洁。开关语句是直接处理对分支的选择,使用比较方便。其一般形式如下:

```
switch(表达式)
    {
    case 常量表达式 1:语句 1
        break;
    case 常量表达式 2:语句 2
        break;
    ......
    case 常量表达式 m:语句 m
        break;
    default:语句 n
    }
```

其含义为：将 switch 后面表达式的值域 case 后面各个常量表达式的值逐个进行比较，遇到相同的值，就执行后面的语句，然后执行 break 语句（后面介绍）。若没有任何一个相同，则执行 default 后的语句。

这里所有的语句都可以是复合语句。

（5）循环语句　在编程时，很多地方都需要用到循环，在 C51 中提供了 3 种循环控制语句。分别如下：

1）采用 while 语句，基本格式如下：

while(条件表达式)语句

其含义为：判断条件表达式是否为真：如果为真，则执行完后面的语句后，再次判断；如果为假，则结束。这种循环结构是先检查条件表达式，再根据结果决定是否执行后面的语句。如果表达式的值一开始就为假，则后面的语句一次都不执行。这里的语句可以是复合语句。

2）采用 do-while 语句，基本格式如下：

do 语句 while(条件表达式)

这种循环结构的特点是先执行一次语句以后再判断条件表达式是否为真，如果为真，则再次执行语句，否则就结束。因此，采用 do-while 语句构成的循环结构中，不管条件是否满足，循环语句都会被执行一次。此处的语句也可以是复合语句。

3）采用 for 语句，基本格式如下：

for([初值设定表达式];[循环条件表达式];[更新表达式])语句

执行过程为：先计算出初值，初值设定表达式的值为循环控制变量的初始值，然后带入循环条件表达式，看结果是否为真，如果为真，则利用更新表达式更新循环控制变量的值，并执行后面的循环体语句。执行结束后再次将更新过的循环控制变量的值带入循环条件表达式中，确定是否要再次进入循环。如果此时循环条件表达式结果为假（0），则退出循环。例如：

```
for(i=0;i<8;i++)   //完成对变量 a 连续进行 8 次加 1 的操作
{
    a=a+1;
}
```

（6）跳转语句　程序运行过程中，有时需要一些语句来让程序跳转到某个固定位置，C51 程序中提供了以下几种跳转语句。

1）goto 语句，一般格式如下：

goto 语句标号；

其中语句标号是一个带 "："的标识符。将 goto 语句与 if 语句一起使用就可以构成一个循环结构。但是一般程序设计中往往采用 goto 语句跳出多重循环。需要注意的是，只能用 goto 语句从内层循环跳到外层循环，而不允许从外循环跳到内循环。

2）break 语句，一般格式为：

break；

break 语句只能用于开关语句和循环语句之中，属于无条件运行语句。需要注意的是，break 语句一次只能跳出一个循环，而不像 goto 语句可以一次跳转多个循环。

3）continue 语句，一般格式为：

> continue；

continue 是一种中断语句，它的功能是中断本次循环。通常用于 while、do-while 和 for 语句构成的循环结构中。但是与 break 语句不同的是，continue 语句并不跳出循环体，而是根据循环控制条件确定是否再次执行循环语句。

4）返回语句。返回语句用于终止函数执行，并控制程序返回到调用此函数时所处的位置，一般有两种形式：

> return；
>
> return（表达式）；

当 return 后面有表达式时，在返回之前要先计算表达式的值，并将结果返回到主调函数中，没有表达式则返回值不确定。需要注意的是，一个函数中可以有多个 return 语句，也可以没有 return 语句，在这种情况下，就以执行到函数的最后一个"｝"作为函数返回的标志。

2.2.3 单片机程序设计基础

1. 程序设计的基本思路

能完成特殊功能的一组指令或语句称为程序，一个好的程序不仅要完成规定的功能任务，还要求执行速度快、占用内存少、条理清晰、阅读方便、便于移植、巧妙而实用。在编写时一般应按以下几个步骤进行：

（1）分析问题，确定算法或解题思路 首先要对需要解决的问题进行分析，明确要完成的任务，弄清楚现有的条件和目标要求，然后确定设计方法。对于同一个问题，一般有多种不同的解决方案。

（2）画流程图 流程图用各种图形、符号和指向线来说明程序的执行过程，能充分表达程序的设计思路，可帮助设计程序、阅读和查找程序中的错误。图 2-9 所示为常用的流程图符号。

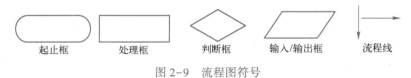

起止框　　　处理框　　　判断框　　输入/输出框　　流程线

图 2-9　流程图符号

（3）编写源程序 根据流程图中各部分的功能，写出具体程序。所编写的源程序要简单明了，层次清晰。

（4）汇编、编译和调试 对已编写好的源程序，要先进行汇编和编译。汇编过程中对程序中出现的各种语法错误进行反复修改，汇编结束后，将得到的 HEX 文件下载到单片机中即可调试运行，也可以直接利用软件进行虚拟调试。

2. 延时子程序的编写

延时程序是单片机编程中常用的一种程序段，用来保持单片机的某种运行状态一定时间，即在执行延时程序时，单片机 CPU 一直在运行这个程序段，不处理其他任何数据（除非有中断请求被响应）。

延时程序实际上并不执行具体的功能，仅仅是占用单片机的 CPU 一段时间，因此可以通过让单片机不断重复执行某一条指令或者语句来实现。前文介绍过，当单片机外接晶振为 12 MHz 时，其对应的机器周期为 1 μs；晶振为 6 MHz 时，其对应的机器周期为 2 μs。如果某条指令或者语句运行一次为 2 个机器周期，则执行一次分别为 2 μs 和 4 μs。如果要实现 100 μs 的延时，在晶振为 12 MHz 的情况下，需要重复执行这个指令或者语句 50 次。故延时程序往往用循环程序设计方式来实现。

循环程序一般包括以下几个部分：

1）循环初值。

2）循环体：循环程序中需要重复执行的部分。

3）循环修改：每执行一次循环，要对有关参数进行修改，为下一次循环做准备。

4）循环控制：在程序中须根据循环计数器的值或其他条件，来控制是否退出循环。

以上四部分可以有两种组织形式，其结构如图 2-10 所示。

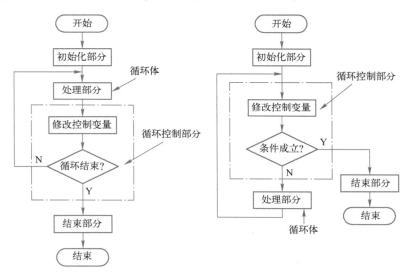

图 2-10　常见的两种循环结构

C51 程序中的延时程序一般情况下采用 for 循环，不断执行一个空语句来实现。空语句执行一次为 2 个机器周期（大致估算），当晶振为 12 MHz 时，执行一次为 2 μs。

【例 2-1】 编写一个延时时间为 0.5 s 的延时程序。

解： 为了计算方便，这里用无符号字符型变量的循环来实现。因此每次循环次数的最大值还是 255。这里选择

$$0.5 \text{ s} = 500 \text{ ms} = 250 \times 200 \times 5 \times 2 \text{ 机器周期} \times 1 \text{ μs/机器周期}$$

下面就是一个 0.5 s 的延时程序，采用三重循环结构实现。

```
void delay500ms( void)
{
    unsigned char i,j,h;            //定义 3 个无符号字符型变量
    for( i = 5;i>0;i--)             //外循环 5 次
    {
        for( j = 200;j>0;j--)       //第二层循环 200 次
```

```
    {
        for(h=250;h>0;h--)              //内循环 250 次
        {;}                             //内循环循环体为空操作,每次 2 个机器周期
    }
    }
}
```

 注： 在 C51 程序中进行延时程序编写时,由于语句的执行和单片机的机器周期并没有严格的对应关系,因此上面的延时时间只能是大致估算。实际应用中,可以通过编译软件 Keil 提供的调试功能执行一次延时程序段,通过其执行时间来确定延时时间。

例如,通过示波器观察得到的并匹配作者使用的硬件所对应的延时程序如下:

```
void delay(unsigned int xms)        //具体延时时间可以通过调用时的参数传递
{
    unsigned int i,j;
    for(i=xms;i>0;i--)
        for(j=102;j>0;j--);
}
```

如需要调用 10 ms 的延时子函数,则用下面的调用语句即可:

```
delay(10);
```

2.2.4　单片机控制蜂鸣器电路仿真调试

任务描述

2-8
蜂鸣器简单控制仿真视频

在很多场合中,都需要发出声音来进行提示或预警。本任务要求设计一个单片机控制蜂鸣器发声的系统,当系统上电后,蜂鸣器发出"滴、滴、滴"的断续音。因此这里需要选择一个发声设备完成报警功能,并设计出相应的电路,同时需要通过单片机的高低电平来进行控制。

任务分析

根据任务要求需要设计声音报警电路。而声音报警电路采用有源蜂鸣器,当需要报警时,在对应的端口上输出一个低电平信号就可使蜂鸣器发出报警音。

任务实施

1) 器件选择:在满足项目要求的前提下,考虑到单片机的直接驱动能力比较小,单片机系统中一般选用的是小型蜂鸣器。

2) 蜂鸣器类型判断:用万用表测量蜂鸣器,判断其类型。判断方法见 2.2.1 节。

3) 模块电路设计:图 2-7 所示为声音报警电路。

4) 利用 Proteus 软件绘制单片机控制蜂鸣器的电路图,如图 2-11 所示。

5) 利用 Keil 软件编写蜂鸣器控制程序,使其可以发出"滴滴滴"的报警声,具体步骤如下:

打开 Keil 软件,新建一个项目文件,命名为"2-2.uv2"。选择单片机型号为 AT89C51(软件中无 AT89S51,用此代替),然后新建一个程序文件"2-2.c",并将程序文件添加到项目中。在新建的"2-2.c"文件中输入如下程序:

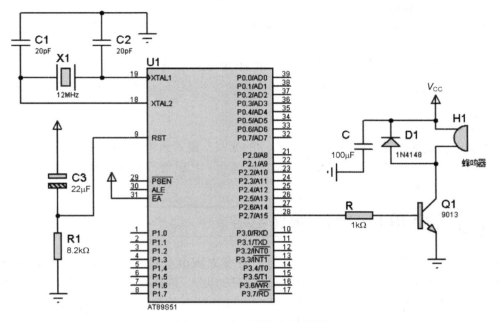

图 2-11　蜂鸣器仿真电路图

```
/ ********************************************* /
#include "reg51. h"              //头文件包含
sbit FM = P2^7;                  //定义蜂鸣器
void delay( unsigned int xms);   //延时子函数声明
/ ********* 主函数,C语言的入口函数:********************** /
void main( void)
{
  while( 1 )                     //主程序循环
  {
    FM = 0;
    delay( 100 );                //开启蜂鸣延时
    FM = 1;
    delay( 100 );                //关闭蜂鸣延时
  }
}
/ ********************************************* /
void delay( unsigned int xms)    //延时子函数定义
{
  unsigned int i,j;
  for( i = xms; i>0; i--)
    for( j = 102; j>0; j--);
}
```

 注：此处的延时子函数相关知识请参考 2.2.3 节相关内容。

6）在 Keil 软件中编译输入的程序并生成 HEX 文件，将其添加到 Proteus 仿真图中，观察仿真结果。需要注意，仿真时需要为设备添加发声设备才能得到蜂鸣器发出的"滴滴滴"声。

任务拓展

任务要求完成从仿真硬件图的绘制、程序的编写、输入到软硬件的联调仿真这一完整的过程，这在后续学习中经常用到，希望读者能多多练习，尝试修改延时子函数中的参数，观察仿真结果，达到熟能生巧。

任务 2.3　设计单 LED 灯光报警电路

LED 灯是现代生活中比较重要的一部分，许多大城市一到晚上到处可见炫彩夺目的灯，演绎着城市的万种风情，其中绝大部分是 LED 灯的功劳。同样在各种工业现场、工业设备上起着警示、信息传递、美化外观的各种器件中，LED 灯也是频频现身。不同的应用场合，具体使用的 LED 灯的大小、功率以及驱动方式不同，但是其控制手段很大一部分是采用单片机完成的。

这里要求以最常见的 LED 作为被控对象，在实践的过程中让读者学会对单片机的 I/O 进行编程控制。学习完本项目，读者就可以发挥自己丰富的想象力，利用简单的二极管来完成各种彩灯作品。

任务描述

利用单片机控制一个 LED 灯按照 1 Hz 的频率闪烁，即要求在 1 s 时间内，彩灯亮 0.5 s、灭 0.5 s。

2-9
单发光二极管
闪烁仿真视频

任务分析

利用单片机进行程序设计时，大体有几个步骤，详细内容参考 2.2.3 节程序设计的基本思路的内容，下面按照这种思路进行任务分析。

首先要解决第一个问题：让 LED 点亮和熄灭分别要满足什么条件？

图 2-12 所示为 LED 的两种连接方式。图 2-12a 是将 LED 的阴极固定连接在低电平上，阳极通过电阻接 A 点上（一般为单片机的一个 I/O）。当多个 LED 并联，都采用这种接法时称为**共阴极接法**。图 2-12b 将 LED 的阳极固定连接在高电平（电源正极 V_{CC}）上，阴

2-10
发光二极管闪
烁点亮编程

极通过电阻接 B 点上（一般为单片机的一个 I/O），当多个 LED 并联，都采用这种接法时称为**共阳极接法**。表 2-4 所示为两种情况下使 LED 点亮、熄灭时，对应 A、B 点的电位。

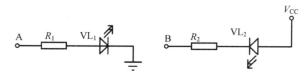

图 2-12　单片机与 LED 的连接

表 2-4　LED 状态与单片机端口电位的关系

连接方式	发光二极管状态	与单片机相连 A 或 B 点电位
共阴极接法	亮	A 点高电位（高电平"1"）
	灭	A 点低电位（低电平"0"）
共阳极接法	亮	B 点低电位（低电平"0"）
	灭	B 点高电位（高电平"1"）

　　本任务中采用共阴极接法，将 LED 与单片机的 I/O 口（P1.0 口）连接在一起。因此第一个问题的答案就是：当 P1.0 口输出高电平时，LED 点亮，当 P1.0 口输出低电平时，LED 熄灭。

　　下面紧接着的问题就是：如何让单片机的 P1.0 口输出高低电平？

　　1.1.3 节介绍了单片机 I/O 口的基本结构及输入、输出操作。本任务中只控制一个 LED，因此在进行单片机端口操作时，按位操作即可。

任务实施

　　1）按照任务要求，设计系统的硬件电路图。任务中只需要对一个 LED 进行控制，并且选择 P1.0 口进行控制。因此，硬件电路图只需要在连接好单片机最小系统的基础上，再在单片机的 P1.0 口连接一个 LED 电路即可，如图 2-13 所示。

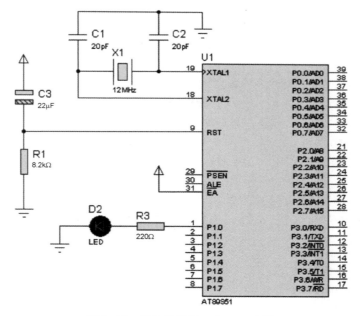

图 2-13　单片机控制一个 LED 电路

　　2）运行 Proteus 软件，绘制设计好的电路图，或者用实物搭建出设计好的电路。

　　注：本书进行任务实施时大部分采用 Proteus 软件仿真的方式，从而防止各位读者学习时使用不同类型的开发板或实验装置时造成的不便。但是，这并不影响读者利用实物搭建相应电路。鼓励大家积极动手，能够得到更加直观的效果。

3）按照任务要求编写程序。

任务要求 LED 以 1 Hz 的频率闪亮，即亮 0.5 s、灭 0.5 s，转化到对 P1.0 口的控制就是：在 P1.0 口上输出 0.5 s 的高电平，再输出 0.5 s 的低电平，如此不断循环。画成流程图的形式如图 2-14 所示。像这种程序主体从上到下依次执行的编程方式称为顺序程序设计。

这里的 0.5 s 时间采取延时程序来完成，延时程序是单片机编程时常用的一类子程序（或者称为子函数）。其有比较固定的格式，根据延时的时间不同，只需要略作修改即可。延时程序编写是初学者首先要掌握的一个编程技巧，详细内容请参考 2.2.3 节。

打开 Keil 软件，新建一个项目文件，命名为"2-3. uv2"。选择单片机型号为 AT89C51，然后新建一个程序文件"2-3. c"，并将该程序文件添加到项目中。在新建的"2-3. c"文件中输入如下所示的程序。

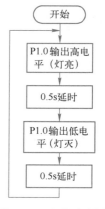

图 2-14　参考流程图

```
/**************************************************************/
    #include " reg51. h"
    sbit LED=P1^0;                 //定义连接 LED 的引脚 P1.0 的名称为 LED
    void delay( unsigned int xms);  //延时子函数声明
/******* 在主函数中,只需要一个不断循环的复合语句 ******************/
    void main( void)
    {
      while(1)                      //循环条件表达式值为 1,故循环条件始终满足
      {
      LED=1;                        //共阴极接法 LED,输出"1"时,灯亮
      delay( 500);                  //调用延时子函数
      LED=0;                        //共阴极接法 LED,输出"0"时,灯灭
      delay( 500);                  //调用延时子函数
      }
    }
/**************************************************************/
    void delay( unsigned int xms)   //延时子函数定义
    {
      unsigned int i,j;
      for( i=xms;i>0;i--)
          for( j=102;j>0;j--);
    }
```

4）编译并生成目标文件，并将其加载到 Proteus 绘制的硬件电路图中进行仿真，或者下载到单片机实物中进行调试，观察 LED 点亮的现象。

5）知识拓展：

① 如果连接在单片机引脚上的 LED 采用共阳极接法，请问程序中要如何修改才能保证现象不变?

② 如果希望 LED 每次亮的时间为 1 s、灭的时间为 0.5 s，程序需要如何修改?

③ 如果 LED 闪烁的频率变成 2 Hz，程序如何修改?

任务小结

这里要对单个 LED 进行控制，除了理解 LED 点亮的条件以外，还需要重点理解 I/O 口的按位输出操作，对于绝大多数的输出器件来说，按位输出的编程方法已经够用，但是也有部分器件会接收字节数据，因此还需要学会按字节的方式操作输出端口。

任务2.4　设计八 LED 灯光报警输出电路

任务描述

设计出单片机控制 8 个 LED 灯的电路，然后通过程序设计让排成一排的彩灯从上到下轮流点亮，每个 LED 灯点亮时间为 250 ms，演示出跑马灯的效果。

2-11
8 个 LED 跑马灯仿真视频

任务分析

硬件设计：任务要求用单片机来控制 8 个 LED 灯，刚好可以用单片机的一组 I/O 口来进行控制。单片机一共有 4 组共 32 位可编程 I/O 口，既可以作为输入端又可以作为输出端使用，其中 P0 口在作为输出口时需要外接上拉电阻进行驱动。这里选择使用 P1 口的 8 位

2-12
8 个 LED 跑马灯编程

I/O 口来连接 8 个 LED，并采用共阳极接法：即单片机端口输出低电平"0"时，LED 亮；单片机端口输出高电平"1"时，LED 灭。

软件设计：要求 8 个 LED 的点亮方式为从上到下轮流点亮。首先可以采用任务 2.3 的编程思想，一次点亮一个 LED，然后调用延时程序再点亮下一个。这种思想对单片机的 I/O 是按位操作，即一次操作一个端口。程序设计上采用顺序方法，即从上到下语句一条一条执行，没有条件判断、循环和分支。这种程序设计方法在解决比较简单的控制问题时，简单明了，程序可读性好，但是如果控制要求比较复杂时，就会导致程序过长，占用大量存储空间，不太适用。

这里采用循环的方式进行程序设计，循环程序设计在编写延时程序时已经用到，请读者参照前文相关内容进行复习。本任务在 I/O 操作上将采取按 8 位整体操作的方式。

注：读者可以自行用顺序程序设计的方式来实现任务要求。

任务实施

1）按照任务要求，设计系统的硬件电路图：选择 P1 口来连接共阳极接法的 8 个 LED，如图 2-15 所示。

2）运行 Proteus 软件绘制设计好的电路图，或者用实物搭建出设计好的电路。

3）按照任务要求编写程序。

任务要求 8 个共阳极连接的 LED 从上到下依次点亮，每个 LED 亮 250 ms，转化到对 P1 口整体操作的控制就是：第一个 LED 亮即在 P1 口上输出 8 位二进制数 11111110B，即十六进制数 0xfe；第二个 LED 亮即在 P1 口上输出 8 位二进制数 11111101B，即十六进制数 0xfd……以此类推，8 个 LED 依次点亮分别对应如下 8 个状态：11111110（0xfe）、11111101（0xfd）、11111011（0xfb）、11110111（0xf7）、11101111（0xef）、1101111（0xdf）、10111111（0xbf）、01111111（0x7f）。即每次有一位输出为 0，其余各位为 1，且输出为 0 这一位是从最低位开始每次向左移一位。而无论是汇编语言还是 C 语言中都有一个左移指令或语句可以使用。

因此可以采用的编程思路是：给 P1 口赋初值 11111110，延时 250 ms 以后，将初值按位向

左移一位后再次送给 P1 口，如此循环 8 次，即完成从上往下每个 LED 亮 250 ms 的跑马灯控制。画成流程图的形式如图 2-16 所示。

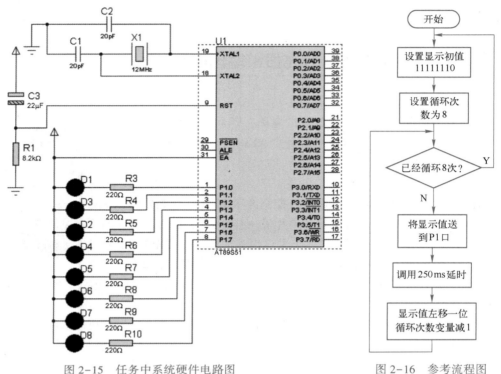

图 2-15　任务中系统硬件电路图　　　　图 2-16　参考流程图

这里的 250 ms 延时仍然采取延时子函数来完成，请读者思考如何编写。

打开 Keil 软件，新建一个项目文件，命名为"2-4. uv2"。选择单片机型号为 AT89C51，然后新建一个程序文件"2-4. c"，并将该程序文件添加到项目中。在新建的"2-4. c"文件中输入如下所示的程序。

```c
/************************************************/
#include "reg51. h"
void delay(unsigned int xms);        //延时子函数声明
/********************* 主函数 **********************/
void main(void)
{
unsigned char k,g;                   //定义无符号字符型变量 k 和 g
while(1)
{
 g=0x01;                            //将初值 0000 0001 赋值给变量 g
 for(k=0;k<8;k++)                   //循环 8 次
  {
   P1 = ~g;                         //将 g 中的数值取反后送到 P1 口中
   delay(250);                      //调用延时
   g=g<<1;                          //变量 g 中的内容左移一位
```

```
          }
        }
      }
/ ★★★★★★★★★★★定义延时子函数,在主函数之后,因此在主函数之前要先声明★★★★★★★★★★★/
void delay( unsigned int xms )              //延时子函数定义
    {
      unsigned int i,j;
      for( i = xms;i>0;i-- )
          for( j = 102;j>0;j-- );
    }
```

 注: 在 C51 中只有一个左移指令 "<<",该指令是将二进制数整体向左移一位,最低位用 "0" 补充,这与任务的要求不太一致,本任务要求最低位用 "1" 来补充。因此,先将要赋给 P1 口的初值 11111110B 取反,即先设置一个初值 00000001B(0x01),对这个数左移以后再取反,然后送到 P1 口中。

4) 编译并生成目标文件,并将其加载到 Proteus 中绘制的硬件电路图中进行仿真,或者下载到单片机实物中进行调试。观察 LED 的现象。

5) 如果任务中要求跑马灯从上到下依次点亮后,再从下到上依次点亮,不断重复,程序需要如何修改?

任务小结

这里采用了 C 语言中的左移或者右移指令来实现输出数据的变化。更多的关于 C 语言的运算类指令需要读者自己尝试使用,才能达到最好的效果。而本程序中用到的循环编程方式也是一个需要重点掌握的知识点。

任务 2.5　设计任意灯光报警输出电路

任务描述

8 个 LED 排成一竖排,要求按时间依次让 LED 呈现如下变化:全亮→全灭→隔一个亮一个→每位状态取反→全灭→从第一个开始累积点亮→两端同时灭的闭幕式,每个状态保持 250 ms。

任务分析

硬件设计:本任务仍然是对 8 个 LED 进行显示控制,为了更好地熟悉单片机 I/O 口的控制,本任务选择 P0 口作为信号输出端,P0 口的每条端线上连接一个共阴极的 LED,需要注意 P0 口作为信号输出端要外接上拉电阻,可以一个端口接一个普通电阻到电源,也可以接一个排阻。

软件设计:本任务要求显示的状态明显增多,而且与显示状态相对应的控制数据之间没有明显的规律,不能通过计算加循环的方式来实现;而控制状态很多,采用顺序方式编程更不现实。因此本任务要教给读者一个以不变应万变的编程方法——查表法,即无论状态有多么复杂,都可以使用的编程方式。

任务实施

1) 本任务中的硬件电路选择 P0 口来连接共阴极接法的 8 个 LED。这里接的上拉电阻为排阻 RP1，如图 2-17 所示。

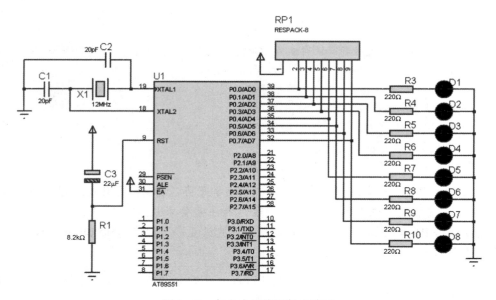

图 2-17 任务中系统硬件电路图

2）运行 Proteus 软件绘制设计好的电路图，或者用实物搭建出设计好的电路。

3）按照任务要求编写程序。

下面先将 8 个 LED 的每个显示状态对应在 P0 口上输出的二进制数进行归纳，其中 LED 采用共阴极接法，见表 2-5。

表 2-5 共阴极 LED 状态与端口输出值对应表

序号	状态	二进制数	十六进制	序号	状态	二进制数	十六进制
1	全亮	1111 1111	FF	9	累积点亮	0001 1111	1F
2	全灭	0000 0000	00	10		0011 1111	3F
3	间隔亮	1010 1010	AA	11		0111 1111	7F
4	全灭	0000 0000	00	12		1111 1111	FF
5	累积点亮	0000 0001	01	13	闭幕式	0111 1110	7E
6		0000 0011	03	14		0011 1100	3C
7		0000 0111	07	15		0001 1000	18
8		0000 1111	0F	16		0000 0000	00

从表 2-4 可以看出，本任务要求 P0 口每隔 250 ms 改变一次输出状态，一共 16 个状态。采用查表法进行编程可以很好地解决这个问题。

查表法：简单来说就是将要显示的状态列成一个表格，在程序编译时一起存到单片机的程序存储器中，程序在运行时需要显示哪个状态，到表格中对应位置把与这个状态相对应的数据取出，送到单片机的 I/O 中。而本任务中有 16 个状态要依次显示，即只要循环查表 16 次就可以完成一次显示过程。

因此无论要显示的状态有多少，数据多么没有规律，影响的仅仅是状态的个数即表格的大小问题，转化到编程上就是循环次数不同。

需要注意的是，查表法不仅在这里可以使用，如果编程中某个单元或者变量的取值变化量大且无规律可循，也可以考虑将可能的取值列成一个表格，然后依次查询取出。

采用的编程思路是，程序开始执行时首先设置循环查表次数16，然后开始查表中的第一位，并将得到的数据送到P0口显示，延时250 ms后再次查表第二位，并将得到的数据送P0口显示，如此依次循环16次，即完成本任务的控制要求。画成流程图的形式如图2-18所示。

在C51中表格可以用数组来实现。程序中将会用到一维数组，所谓一维数组即数组中的每个元素只带一个下标。一维数组定义的一般格式为：

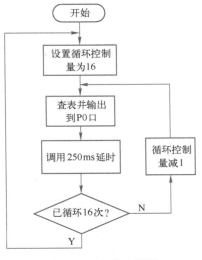

图 2-18　参考流程图

数据类型　数组名1[常量表达式1],数组名2[常量表达式2]……

例如：unsigned char data[16]

其中，数据类型是指数组中每一个元素的类型；常量表达式确定这个数组中元素的个数。如果对数组定义的同时给每个元素赋值，则常量表达式可以不写，直接写为"[ ]"。

例如：unsigned char a[ ]={1,2,3,4,5}; //定义一个有5个元素的数组,同时给每一个元素赋值

定义好数组以后，编程过程中就可以引用各个数组元素，一维数组元素的引用的一般格式为：数组名 [下标表达式]，如a[1]、data[3]。

 注：数组的下标是从0开始的，则a[1]表示数组的第2个元素。

本任务中，可以将要显示的16个状态对应的数据存在一个数组中，然后再引用该数组的元素并送到P0口中。

具体实施过程如下：

打开Keil软件，新建一个项目文件，命名为"2-5.uv2"。选择单片机型号为AT89C51，然后新建一个程序文件"2-5.c"，并将该程序文件添加到项目中。在新建的"2-5.c"文件中输入如下所示的程序。

```
/******************************************************/
#include "reg51. h"
void delay( unsigned int xms) ;          //延时子函数声明
/******************* 主函数 ****************************/
void main( void)
{
    unsigned char data1[ 16] = {0xff,0x00,0xaa,0x00,0x01,0x03,0x07,0x0f,
                    0x1f,0x3f,0x7f,0xff,0x7e,0x3c,0x18,0x00} ;
    unsigned char k;
```

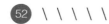

```
        while(1)
        {
          for(k=0;k<16;k++)            //循环 16 次
          {
            P0=data1[k];               //将数组中第 k 个元素取出送到 P0 口
            delay(250);                //调用延时
          }
        }
      }
      /**********定义延时子函数,在主函数之后,因此在主函数之前要先声明**********/
      void delay(unsigned int xms)     //延时子函数定义
      {
        unsigned int i,j;
        for(i=xms;i>0;i--)
          for(j=102;j>0;j--);
      }
```

4）编译并生成目标文件，并将其加载到 Proteus 中绘制的硬件电路图中进行仿真，或者下载到单片机实物中进行调试。观察 8 个 LED 的变化，如图 2-19 所示。

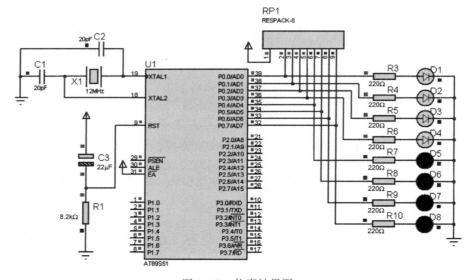

图 2-19　仿真结果图

5）知识拓展：

①自行设计一组彩灯的变化并编程实现。

②同时用多组 P 口来接 LED，进行模拟彩灯的设计，并编程实现。

任务小结

学习完本任务，读者可以用不同颜色和个数的 LED 来设计富有创意外形以及花样显示规律，具有主题的创意作品，然后在相应的场合应用。

项目描述：在某单位的厂区内进行电路改造，在路口拐角的位置增设了一个配电设备，需要设置一个高压警示牌。由于厂区夜间光线较暗，为了更好地提醒夜间的行人，希望警示牌在夜间能够自动亮起。具体控制要求为：

白天，警示标志不发光，当人接近配电设备一定范围时，发出报警声；夜晚，当光线变暗时，组成警示标志的灯点亮，并且呈现各种不同变化状态（10 组以上），用以远距离提醒行人，同样，当人接近配电设备一定范围时，发出报警声。

项目实施：项目的要求是设计并制作一个小型检测与控制系统，其中涉及光照亮度的检测、人体接近信号的检测，并最终需要根据检测的结果做出判断，控制灯光系统按照预设的方式工作，必要时进行声音报警。因此项目的整体结构框图如 3-1 所示。

从结构框图中可以看出，整个项目的硬件电路设计需要分成 5 个具体的模块来分别设计，然后根据各个模块之间信号的传输方式以及引脚分配进行主控程序的编写，最后才能进入具体的制作与调试环节。其中输出部分的相关知识在前文已经介绍，本项目将带领读者在学习新知识的同时一步一步实现项目要求。

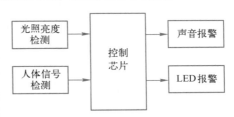

图 3-1　项目的结构框图

任务 3.1　初步认识传感器

3.1.1　传感器的基本概念

现在世界上普遍认为"没有传感器，就没有现代科学技术"。由此可以看出，现代传感器技术是现代科学技术中非常重要的一环。传感器是人类五官的延伸，又称为电五官。其存在和发展让控制系统有了触觉、味觉和嗅觉等感官，让控制系统慢慢变得"活"了起来，成为人们认识自然，改造自然的工具。

3-1
传感器的基础知识

传感器是利用各种物理、化学、生物现象将非电参量转换为电量的器件，国家标准 GB/T 7665—2005 对传感器的定义是："能感受被测量并按照一定的规律转换成可用输出信号的器件或装置，通常由敏感元件和转换元件组成"。它是实现自动检测和自动控制的首要环节。传感器的输出信号多为易于处理的电参量，如电压、电流、频率等。

图 3-2 所示为传感器的基本结构，其中敏感元件是在传感器中直接感受被测量并输出与

被测量有确定关系、更易于转换的某一物理量的元件。这一物理量通过转换元件被转换成电参量。转换电路的作用是将转换元件输出的电参量转换成易于处理的电压、电流或频率。有些传感器将敏感元件与转换元件合二为一。最简单的传感器由一个敏感元件（兼转换元件）组成，例如热电偶，它能在感受温度变化时直接输出与之对应的电参量。而有些传感器转换元件不止一个，要经过若干次转换。

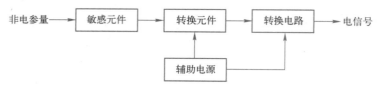

图 3-2　传感器的基本结构

3.1.2　传感器在各领域中的应用

随着现代科技技术的高速发展、人们生活水平的迅速提高，传感器技术越来越受到重视，它的应用已渗透到国民经济的各个领域。

（1）在工业生产过程的测量与控制方面的应用　在工业生产过程中，必须对温度、压力、流量、液位和气体成分等参数进行检测，从而实现对工作状态的监控，诊断生产设备的各种情况。目前传感器与微机、通信等的结合，使工业监测自动化更具有准确、效率高等优点。如果没有传感器，现代工业生产程度将会大大降低。

（2）传感器在汽车电控系统中的应用　随着人们生活水平的提高，汽车已逐渐走进千家万户。汽车的安全舒适、低污染、高燃率越来越受到社会重视。而传感器在汽车中相当于感官和触角，只有它才能准确地采集汽车工作状态的信息，提高自动化程度。汽车传感器主要分布在发动机控制系统、底盘控制系统和车身控制系统。普通汽车上大约装有 10～20 只传感器，而有的高级豪华车使用传感器多达 300 个。因此传感器作为汽车电控系统的关键部件，将直接影响汽车技术性能的发挥。

（3）在现代医学领域的应用飞速发展　现代医学领域需要人们快速、准确地获取相关信息。医学传感器作为提取生命体征信息的五官，作用日益显著。例如，在图像处理、临床化学检验、生命体征参数的监护监测、呼吸、神经、心血管疾病的诊断与治疗等方面，使用传感器十分普及。

（4）在环境监测方面的应用　近年来，环境污染问题日益严重，人们迫切希望拥有一种能对污染物进行连续、快速、在线监测的仪器，传感器满足了人们的要求。目前，已有一部分生物传感器应用于环境监测中，如大气环境监测中关于二氧化硫含量的检测，传统的方法很复杂，现在将亚细胞类脂类固定在醋酸纤维膜上，和氧电极制成安培型生物传感器，可对酸雨、酸雾样品溶液进行检测，大大简化了检测方法。

（5）在军事方面的应用　传感器技术在军用电子系统的运用促进了武器、作战指挥、控制、监视和通信方面的智能化，同时在远方战场监视系统、防空系统、雷达系统、导弹系统等方面也都有广泛的应用，是提高军事战斗力的重要因素。

（6）在家用电器方面的应用　20 世纪 80 年代以来，随着以微电子为中心的技术的兴起，家用电器正向自动化、智能化、节能、无环境污染的方向发展。自动化和智能化的中心就是研制由微机和各种传感器组成的控制系统，例如一台空调采用微机控制配合传感器技术，可以实现压缩机的起动、停机、风扇摇头、风门调节、换气等，从而对温度、湿度和空气浊度进行控制。随着人们对家用电器方便、舒适、安全、节能的要求的提高，传感器应用将越来越广泛。

（7）在学科研究方面的应用　科学技术的不断发展，产生了许多新的学科领域，从宏观的宇宙，到微观的粒子世界，许多未知的现象和规律要获取大量人类感官无法获得的信息，没有相应的传感器是不可能实现的。

（8）在智能建筑领域中的应用　智能建筑是未来建筑的一种必然趋势，它涵盖智能自动化、信息化、生态化等多方面的内容，具有微型集成化、高精度与数字化和智能化特征的智能传感器将在智能建筑中占有重要的地位。

3.1.3　传感器的发展趋势

在现代科学领域、工农业生产以及人们的日常生活中，传感器都发挥着越来越重要的作用。同时，人们对传感器也提出了越来越高的要求，给传感器技术的发展带来了强大动力。未来传感器将朝着为人们提供更好的服务的方向发展，即未来的传感器将更加微型化、智能化、网络化、多功能化。

（1）微型传感器　现在应用传感器的场合越来越多，而各种测控系统的功能要求也越来越多，因此要求系统中的每个部件所占用的位置越小越好，作为系统"五官"的传感器，也是越小越好。目前利用硅材料制作的传感器体积已经很小，例如传统的加速度传感器由重力块和弹簧等制成，体积较大、稳定性差、寿命也短，而利用激光等各种微细加工技术制成的硅加速度传感器体积非常小，互换性、可靠性都较好。

（2）智能传感器　随着现代化的发展，传感器的功能已突破传统，其输出不再是一个单一的信号，而是经过处理后的数字信号，有的甚至带有控制功能。它将敏感技术和信息处理技术相结合，除了感知的本能外，还具有认知能力，例如将多个具有不同特性的气敏元件集成在一个芯片上，利用图像识别技术处理，可得到不同灵敏模式，然后将这些模式所获取的数据进行计算，与被测气体的模式类比推理或模糊推理，可识别出气体的种类和各自的浓度。

（3）网络传感器　随着网络的发展，远程检测与控制技术也得到了长足的发展。尤其是现在5G、WiFi等网络方式的逐渐应用使无线化网络传感器的比重进一步加大，为工农业的发展和人民生活提供了各种可能。

（4）多功能传感器　多功能是指一个传感器可以检测两个或两个以上的参数，如最近国内研制的硅压阻式复合传感器，可以同时测量温度和压力等。在选择传感器的时候，可以根据不同的应用场合来使用这些多功能的传感器，提高工作效率。

3.1.4　传感器的分类

传感器有很多种分类方法，虽然目前尚无一个统一的分类方法，但比较常用的有如下3种。

1）按被测物理量分类，常见的被测物理量有长度、厚度、位移、速度、加速度、旋转角、转速、质量、重量、力、力矩、风速、流速、流量、声压、噪声、磁通、量、温度、热量、比热、亮度、色彩等。在进行传感器具体描述时，可以直接用被测量表示，如测量温度采用温度传感器。

2）按输出信号的性质分类，传感器可分为模拟式传感器、数字式传感器、开关式传感器。模拟式传感器输出连续变化的模拟信号，如热敏电阻把周围环境中的温度转换成与之对应的电信号。数字式传感器输出一串数字脉冲信号，如温度传感器 DS18B20。开关式传感器输出低电平（用"0"表示）和高电平（用"1"表示）两种电平，如光电传感器可以将有无物体遮挡光源这一信号转换为"0"和"1"两种电平输出。

3）按传感器工作原理分类，传感器可分为电阻式、电容式、电感式、压电式、霍尔式、光电式等传感器。

需要注意的是，这几种分类方式是交叉的，同一个传感器可以通过这 3 种不同的命名方式来命名。

3.1.5 传感器的选择

随着自动检测与控制技术的发展，不同的应用场合对传感器提出了不同的要求，因此，越来越多种类和型号的传感器应运而生。这对于使用者来说是一大好处，可以灵活地根据具体情况来选择。但是对用初学者来说，如何在种类繁多的传感器中选择合适的传感器却是需要注意的问题。一般来说，选择一个传感器可以按照以下 3 个步骤来做：

1）根据被测量的性质，找出系统中需要的传感器类别，再从这类传感器的一些典型应用中初步确定几种传感器。

2）比较这几种传感器的外形、测量范围、精度、适用环境以及价格等因素，然后与传感器要应用的场合进行比对，再次确定传感器的类型。

3）在该类传感器的各种型号中结合结构尺寸等参数进一步来确定具体型号。

总的来说，一般进行传感器选择时主要考虑测量条件、传感器性能、使用环境以及购买与维护等有关因素。

任务 3.2 设计光信号检测模块

3.2.1 光电式传感器

1. 光电式传感器的工作原理

光电式传感器是通过光电敏感元件的光电效应将光能转换成电能的元件。光电效应是指光照射到某个物体上可以看成是该物体受到一连串光子的轰击，而组成该物体的材料吸收光子能量后所产生的一系列的物理现象。光电效应可以分为外光电效应、内光电效应以及光生伏打效应三种。**外光电效应**是指在光的作用下，电子逸出物体表面的现象。对于某一材料来说，要使其表面有电子逸出，入射光的频率有一个最低的限度，这个最低的频率称为红限频率，相应的波长称为红限波长，常见的器件有光电管和光电倍增管等。**内光电效应**是指在光信号的作用下使物体的电阻率发生变化的现象，常见的元件有光敏电阻、光电二极管、光电晶体管、光敏晶闸管等。**光生伏打效应**是指在光线作用下，物体产生一定方向电动势的现象，常见的器件有光电池等。

3-2
光电效应及常见光电器件

2. 常见光电式传感器

（1）光电管和光电倍增管　光电管和光电倍增管都是基于外光电效应制成的光电元件。光电管一般由封装在玻璃管内的金属阴极和阳极组成，当光照射在阴极上时，光子的能量传递给阴极表面的电子。当光子的频率高于阴极材料的红限频率时，阴极上就有电子逸出。光通量越大，逸出的电子越多。同时在阴极和阳极之间加正向的电压，就能够在光电管中形成电流，称为光电流。得到的光电流的大小仅仅取决于光通量。

光电倍增管则在光电管的基础上增加了放大电流的作用，灵敏度非常高，信噪比大，线性好，多用于微光测量。光电倍增管的工作原理和光电管大致相同，只是在阳极和阴极之间设置了许多二次发射电极并加高压，对光电子进行加速，因此能得到比较大的电流，具有放大作用。图 3-3 所示为光电管和光电倍增管的外形。

（2）光敏电阻　光敏电阻是基于内光电效应的原理制成的。在半导体光敏材料的两端装上电极，并封在带有透明窗口的管壳里就构成了光敏电阻。图 3-4 所示为光敏电阻的外形图。

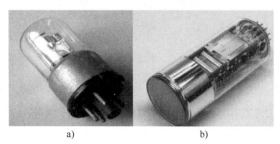

图 3-3　光电管和光电倍增管
a）光电管　b）光电倍增管

图 3-4　光敏电阻外形

1）暗电阻和暗电流。光敏电阻在室温条件下，全暗（无光照射）后经过一定时间测量的电阻值，称为暗电阻。此时在给定电压下流过的电流称为暗电流。

2）亮电阻和亮电流。光敏电阻在某一光照强度下的电阻值，称为该光照下的亮电阻。此时在给定电压下流过的电流称为亮电流。亮电流与暗电流之差称为光电流。实用的光敏电阻的暗电阻往往超过 $1\,M\Omega$，甚至高达 $100\,M\Omega$，而亮电阻则在 $10\,k\Omega$ 以下，暗电阻与亮电阻之比在 $10^2 \sim 10^6$ 之间，可见光敏电阻的灵敏度很高。

3）光电特性。光敏电阻两极间电压固定不变时，光照度与亮电流间的关系称为光电特性。光敏电阻的光电特件呈非线性，是光敏电阻的主要缺点之一。

另外，光敏电阻的特性受温度影响很大，这也是其缺点之一，在温度变化比较大的场合，往往需要有温度补偿。

（3）光电二极管　光电二极管与普通二极管在结构上类似，也是由一个 PN 结组成的半导体器件，也具有单向导电特性。与普通二极管不同的是，光电二极管的重要特性是把光能转换成电能。在没有光照时，光电二极管的反向电阻很大，反向电流很微弱，称为暗电流。当有光照时，光子打在 PN 结附近，在 PN 结内部电场作用下做定向移动，形成光电流。光照越强，光电流越大。光的变化引起光电二极管电流变化，从而可以把光信号转换成电信号。由此可以看出，光电二极管和普通二极管不同，其在正常工作时，一般处于反向状态。其在实际应用电路中，一般有两种工作状态：

1）光电二极管施加外部反向电压。当光电二极管加上反向电压时，管中的反向电流随着光照强度的改变而改变，光照强度越大，反向电流越大，它大多数时间工作在这种状态下。

2）光电二极管不施加外部工作电压。光电二极管上不加电压，利用 PN 结在受光照时产生正向电压的原理，把它用作微型光电池。这种工作状态通常用作光电检测器。图 3-5 所示为常见的光电二极管外形。

（4）光电晶体管 光电晶体管和普通晶体管相似，也有电流放大作用，只是它的集电极电流不只是受基极电路和电流控制，也受光辐射的控制。通常，光电晶体管的基极不引出，外观上也只有两个引脚。但也有一部分光电晶体管的基极有引出线，这时该引脚主要用于温度补偿和附加控制等作用。图 3-6 所示为 3DU5C 金属封装硅光电晶体管外形。

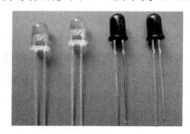
图 3-5 光电二极管外形

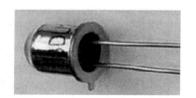
图 3-6 光电晶体管外形

当光电晶体管中具有光敏特性的 PN 结受到光照射时，形成光电流，由此产生的光生电流由基极进入发射极，从而在集电极回路中得到一个相当于光生电流 β 倍的电流。因此与光电二极管相比，它具有很大的光电流放大作用，即很高的灵敏度。

3. 光电开关的分类

光电传感器根据其输出信号的不同又可分为线性型和开关型。本书主要介绍开关型光电传感器，又称光电开关。需要注意的是，光电开关中的光在很多情况下使用的是红外光（波长大于可见光），因此很多传感器既可以叫作红外传感器，也可以叫作光电传感器，仅分类的方式不同。

光电开关通常利用被检测物对光束的遮挡或反射来检测物体的有无。物体不限于金属，所有能反射光线的物体均可被检测。光电开关将输入电流在发射器上转换为光信号射出，接收器再根据接收到的光线的强弱或有无对目标物体进行探测。光电开关一般由发射器、接收器及控制电路三部分组成。其按检测方式可分为漫反射式、镜面反射式、对射式、槽式光电开关。

3-3
直射型光电
开关

（1）漫反射式光电开关 漫反射式光电开关的发射器和接收器一般是一体化结构。当发射器发射光束时，如果被测物体经过，将产生漫反射，当有足够的反射到接收端时，开关状态发生变化，如图 3-7 所示。漫反射式检测模式比较适合被测物体的表面光亮或其反光率极高的状态。

图 3-7 漫反射式光电开关

漫反射式光电开关作用距离的典型值约为 3 m，但是实际的有效作用距离由被检测物体反射能力决定，主要与被检测物体表面性质和颜色有关。

（2）镜面反射式光电开关 镜面反射式光电开关的发射器和接收器一般也是一体化结构，和漫反射式光电开关不同的是，在检测物体与开关的延长线上会安装一个反射镜。当从发射器发出的光束到达对面的反射镜并被反射后，会被接收器接收。当开关与反射镜之间有被测物体时，光束会被中断，从而在开关中产生一个开关信号的变化，如图 3-8 所示。镜面反射式光电开关比较适合检测不透明、表面粗糙或者表面对光的反射效率很低的物体。

镜面反射式光电开关一般有效作用距离为 0.1~20 m。其借助反射镜部件，形成高的有效距离范围，不易受干扰，可以可靠地在野外或者有灰尘的环境中使用。

（3）对射式光电开关　对射式光电开关的发射器和接收器是分离的，且在安装时两者的位置相对放置，发射器发射的光线直接照射到接收器。当被测物体处于两者之间时，会阻断光线，此时光电开关就会产生一个开关信号，如图 3-9 所示。由于其检测方式也是通过被测物体阻断光线的方式进行的，因此也适合对不透光的物体进行检测。

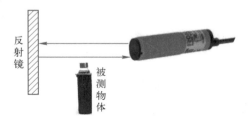

图 3-8　镜反射式光电开关

图 3-9　对射式光电开关

（4）槽式光电开关　槽式光电开关的检测原理与对射式光电开关相同，不同的是其发射器和接收器连在一起，形成一个标准的 U 字型结构，如图 3-10 所示。

其发射器和接收器分别位于 U 型槽的两边，光从发射器发出，可以直接进入接收器。如果有被测物体进入 U 型槽，会阻断光线，从而产生开关信号。与对射式光电开关相比，槽式光电开关结构比较紧凑，安装比较方便，但发射器和接收器之间的距离比较小，不可调，比较适合测量体积较小的不透光或者半透光的物体。

图 3-10　槽式光电开关

光电开关可用于生产流水线上对产品进行记数，统计每班产量或日产量，还可用于位置检测（如流水线上的装配体有没有到位）、质量检查（如瓶盖是否压上，标签是否漏贴等），并且可以根据被测物的特定标记进行自动控制。目前，光电开关已广泛应用于自动包装机、自动灌装机、自动封装机、自动或半自动装配流水线等自动化机械装置。表 3-1 所示为几种光电开关的外形。

表 3-1　几种光电开关的外形

型号	TCRT5000L 反射式	PIH-DC50 漫反射式	YK2-R10 镜面反射式	RPR220 反射式
外形				
型号	M12 红外对射式	PIH-TC20 槽式对射式	光电测速传感器	光电增量式编码器
外形				

4. 光电开关测速

在环境磁场较强的场合测速时，不适宜采用霍尔式传感器，光电传感器则可以解决这一问题。利用光电传感器实现转速测量时，可以采用光电反射式、光电对射式传感器测量，也可采用光电编码器来实现。

采用光电反射式传感器测量转速时，只须在转轴上贴一张反光纸或涂黑的纸，如图 3-11a 所示，实现起来简单、方便。传感器每转一圈产生一个脉冲信号，一般用于便携式转速测量仪。实际应用中，通常采用对红外光敏感的光电传感器，这一类传感器目前较多，如 ST602 型，其外形结构及引脚图如图 3-11b 所示。ST602 的测量距离为 4~10 mm。

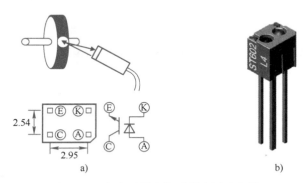

图 3-11　光电反射式传感器应用示意图
a）光电反射测量示意图　b）ST602 的外形结构及引脚图

采用光电对射（也称直射或透射）测量转速时，其测量示意图如图 3-12a 所示。它是在转轴上安装一个圆盘，圆盘边缘开若干个（如 60 个）孔，则圆盘每转一圈即可产生 60 个脉冲信号。如 ST155 光电对射式传感器，其结构如图 3-12b 所示，内部原理示意图如图 3-12c 所示。

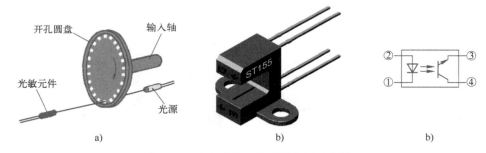

图 3-12　光电直射式传感器应用示意图
a）光电直射式转速测量示意图　b）ST155 结构　c）ST155 内部原理示意图

除了直接使用光电传感器加一些后续处理电路进行转速测量以外，还可以采用光电接近开关来实现。光电接近开关将输入控制电路、输出电路、信号处理电路做成一个整体，其输出就是标准的脉冲信号，使用起来比较方便，可直接应用于转速测量仪表。

3.2.2　光信号检测电路设计

任务描述

根据项目要求，需要选择一个器件对工作的自然环境中光线明暗程度进行检测，并设计出相应的电路，明确其中各元器件的参数。同时需要注意其与控制模块之间的数据传递。

3-4
光敏电阻及光
信号的检测

任务分析

控制模块选择 AT89S51 型单片机，其输入信号需要转换成数字信号，当电位在 0.8 V 以下时，会被认为是低电平，如果在 2.8 V 以上会被认为是高电平。因此需要设计一个电路，可以将白天和黑夜的光线变化转换成一个 0~5 V 变化的电压信号，而且要求白天和黑夜时，电压的范围应分别处于高、低电平的范围内。

现在市面上有很多可以检测光线信号的传感器，这里需要在这些传感器中选择一款来进行光信号检测模块电路的设计。

任务实施

1）器件选择：根据传感器选择的基本原则，在满足项目要求的前提下，考虑到器件的通用性、性价比、体积等各种因素，选择使用光敏电阻来进行光信号的检测。

2）光敏电阻的测量：利用万用表对已有光敏电阻的电阻值进行测量，并将不同情况下的测量结果填在表 3-2 中。

3-5
光敏电阻实物
检测视频-1

3-6
光敏电阻实物
检测视频-2

3-7
光敏电阻实物
检测视频-3

3-8
光敏电阻实物
检测视频-4

3-9
光敏电阻实物
检测视频-5

3-10
光敏电阻实物
检测视频-6

表 3-2　光敏电阻的测量

测量条件	灯光灯照射	正常环境下	用一张白纸覆盖	用黑纸包住（模拟黑夜）
电阻值/Ω				

3）模块电路设计：图 3-13 所示为可见光检测电路，当 A 点的电位在 0.8 V 以下时，会被认为是低电平，如果在 2.8 V 以上会被认为是高电平。请问当电源电压为 5 V 时，在光敏电阻上串联多大的电阻可以让白天和黑夜时，分别从 A 点上输出高、低电平呢？

5V

A

R

图 3-13　可见光
检测电路

 提示：利用电阻分压的原理，5 V 的电源电压将被电阻 R 和光敏电阻分压。而 A 点的电位刚好等于 R 的电压值。随着光照强度的变化，光敏电阻的电阻值发生大幅度变化，从而可以在 A 点获得与光照强度相对应的电位值，如 $V_A = 5 \times R / (R + R_{LED})$。

在进行 R 的估算时，可以采用假设值代入的方式来进行，例如假设 $R = 10\ \text{k}\Omega$ 时，能否分别在白天和黑夜时得到高、低电平呢？

任务小结

在上述电路参数的计算过程中，针对不同类型的光敏电阻，得到的结果也不尽相同，需要根据实际情况或者通过搭接简单的电路进行电压测量等多种方式来解决。在遇到问题时，思路一定要开阔，很多的想法都值得尝试。

任务3.3 设计人体感应模块

3.3.1 热释电红外传感器

3-11
热释电红外传感器

人眼的可见光波长范围大概是 $390 \sim 780\ \text{nm}$。而红外光是一种人眼看不到的光，根据波长的不同，可以分为近红外（$0.78 \sim 3.0\ \mu\text{m}$）、中红外（$0.3 \sim 20\ \mu\text{m}$）、远红外（$20 \sim 100\ \mu\text{m}$）、极远红外（$100 \sim 1000\ \mu\text{m}$）。任何温度高于绝对零度的物体（人体、冰、雪、火）都在不停地向外辐射红外光。而且，物体的温度越高，辐射的能量越多。

红外传感器则是利用红外光的各种特性来完成信号转换的器件，按工作原理可以分为量子型和热电型两大类。其中量子型红外传感器直接把红外光能转换成电能，如对红外光敏感的光敏电阻和 PN 结型光生伏特效应器件，它们能在低温下工作，灵敏度高，响应速度快，但红外光的波长响应范围窄，只能用于遥感成像等方面。热电型红外传感器则是吸收红外光后将其变成热能，使材料的温度上升，电化学特性改变，人们利用这个现象制成了测量光辐射的器件。这类器件中应用最广泛的是热释电红外传感器，下面介绍这类传感器。

1. 基本工作原理

一些晶体材料如钛酸钡类晶体具有自发极化的特性，在温度长时间恒定时由自发极化产生的表面极化电荷数目一定，它吸附空气中的电荷来达到平衡，并与吸附的存在于空气中的符号相反的电荷产生中和，如图 3-14 所示。

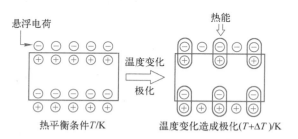

图 3-14　热释电红外传感器工作原理

晶体温度升高时，其极化强度降低，表面电荷减少，相当于释放一部分电荷。这种晶体随温度变化而产生电荷变化的现象称为热释电效应。如果此时将负载电阻与晶体相连，则在负载电阻上会输出一个电信号，输出信号的强弱取决于晶体温度变化的快慢。

热释电红外传感器是利用晶体的热释电效应制成的一种被动式敏感器件。首先在晶体的上、下表面设置电极，在上表面覆以黑色膜，若有红外光间歇地照射，使其表面温度上升

$\triangle T$，则在上下电极之间产生电压 $\triangle U$，因此可感知目标与背景的温差从而探测目标。热释电红外传感器响应速度虽不如量子型红外传感器，但由于它可在室温下使用、光谱响应宽、工作频率宽、灵敏度与波长无关，容易使用，因此广泛应用于各类入侵报警器、自动开关、非接触测温器、火焰报警器等。

热释电红外传感器内部由光学滤镜、场效应晶体管、红外感应源（热电元件）、偏置电阻、EMI（电磁干扰）电容等元器件组成，其内部电路框图如图 3-15 所示。根据其中感应部分热电元件的个数来分，目前市场上的热释电红外传感器有单元、双元、四元等类型。而常用于制造热电元件的材料有陶瓷氧化物和压电晶体，如钛酸钡、钽酸锂、硫酸三甘肽及钛酸铅等。

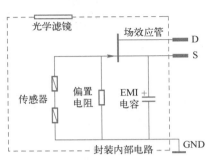

图 3-15 热释电红外传感器
内部电路框图

2. 热释电红外人体探测

本项目中的主要检测对象为人体，而一般人体都有恒定的体温，约为 37℃，所以会发出特定波长约为 $10\,\mu m$ 的红外光，被动式热释电红外探头（热释电红外传感器）就是靠探测人体发射的红外光而进行工作的。人体发射的红外光通过菲尼尔滤光片增强后聚集到红外感应源上，在接收到人体红外辐射温度发生变化时，感应源就会失去电荷平衡，向外释放电荷，通过后续电路检验处理后即可产生输出信号。需要注意以下 4 点：

1）这种探头是以探测人体辐射为目标的，所以热电元件对波长约为 $10\,\mu m$ 的红外辐射必须非常敏感。

2）为了仅仅对人体的红外辐射敏感，在它的辐射照面通常覆盖有特殊的菲尼尔滤光片，使环境的干扰受到明显的抑制。菲尼尔滤光片根据性能要求不同，具有不同的焦距（感应距离），从而产生不同的监控视场，视场越多，控制越严密。

3）红外感应部分一般采用双元结构，即一般包含两个串联或并联的热电元件，而且两个热电元件的电极化方向正好相反，环境背景辐射对两个热电元件几乎具有相同的作用，使其产生释电效应相互抵消，于是探测器无信号输出。

4）一旦人侵入探测区域内，人体红外辐射通过部分镜面聚焦，并被热电元件接收，但是两片热电元件接收到的热量不同，热释电也不同，不能抵消，经信号处理就可以输出到处理器。

热释电红外探测器的一般结构如图 3-16 所示。

3. 常用的热释电红外传感器

随着热释电探测器的广泛使用，不同的应用场合有着不同的要求，因此对应的型号品种非常多。表 3-3 所示的红外传感器属于双元热释电红外传感器，采用双灵敏元互补方法抑制温度变化产生的干扰，提高了传感器的工作稳定性。

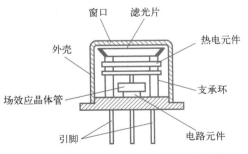

图 3-16 热释电红外探测器的一般结构

表 3-3　几种常用的热释电红外传感器

型　号	RE200B	D203S	PD632	SIR300B	LHI778
外形					
灵敏元面积/mm²	2.0×1.0	2.0×1.0	5.0×3.8	3.0×4.0	2.0×1.0
工作波长/μm	7~14				
输出信号	>2.5 V	>2.5 V	>2 V	峰值≥3500 mV	>5 V
工作电压/V	2.2~15	2.2~15	2.2~15	2~15	2~15
工作温度/℃	−20~70	−20~70	−30~70	−30~70	−40~80
视场（水平×垂直）	139°×126°	139°×128°	155°×145°	138°×125°	95°×120°
封装	TO-5	TO-5	TO-5	TO-5	TO-5

　　实际上，市面上的热释电红外传感器种类特别多，在使用时可以向销售商或者生产商索要对应的数据手册，详细比较各方面的参数。

4. 带处理电路的热释电红外检测模块

　　目前市面上有很多传感器模块，已经将传感器元件与其常用处理芯片以及外围电路以模块化的形式安装在一个小模块上，而模块的输出信号基本可以满足一般用户的使用。下面就介绍一种可以用于自动门控制的热释电红外探头模块——HC-SR501 人体感应模块。该模块在市面上可以直接买到，不同厂家生产的该模块参数基本一致，价位在 6~10 元不等，可以应用于各种需要对人体检测的场合，能自动快速开启各类白炽灯、荧光灯、蜂鸣器、自动门、电风扇、烘干机和自动洗衣机等装置，特别适用于企业、宾馆、商场、库房及家庭的走廊等敏感区域，或用于安全区域的自动灯光、照明和报警系统。图 3-17 所示为该模块的实物图。

图 3-17　HC-SR501 人体感应模块实物

　　图 3-17 上方白色物体为菲涅耳滤光片，可以大幅减少非人体波长的红外光照射到热释电红外传感元件上。图中左下方的电路板为模块的感应面，正中间的元件为感应元件，该模块使用的热释电红外传感器型号为 D203S。

　　（1）模块的功能特点

　　1）全自动感应。人进入其感应范围则输出高电平，人离开感应范围则自动延时关闭高电平，输出低电平。

2）两种触发方式可选择（通过设置 J1 位置的焊盘进行设置：上面两个焊盘连接为不可重复触发；下面两个焊盘连接为可重复触发，为默认工作方式）。

①不可重复触发方式：即感应输出高电平后，延时时间段一结束，输出将自动从高电平变成低电平。

②可重复触发方式：即感应输出高电平后，在延时时间段内，如果有人体在其感应范围活动，其输出将一直保持高电平，直到人离开后才延时将高电平变为低电平（感应模块检测到人体的每一次活动后会自动顺延一个延时时间段，并且以最后一次活动的时间为延时时间的起始点）。

3）具有感应封锁时间（默认设置为 2.5 s）。感应模块在每一次感应输出后（高电平变成低电平），可以紧跟着设置一个封锁时间段，在此时间段内感应器不接受任何感应信号。此功能可以实现"感应输出时间"和"封锁时间"两者的间隔工作，可应用于间隔探测产品，也可有效抑制负载切换过程中产生的各种干扰。

4）延时时间为 5～200 s，可调。可以通过调节模块中的电位器 RT1 进行延时时间调整，顺时针旋转，感应延时加长（约 200 s），反之，感应延时缩短（约 5 s）。

5）感应距离可调。距离默认为 7 m，如要调节，可以将 RL2 换成电位器。

6）工作电压范围较宽。默认工作电压为 DC 4.5～20 V。

7）静态电流小于 50 μA、输出电平为高 3.3 V/低 0 V、工作温度为 -15℃～70℃、感应角度小于 100°锥角。

（2）模块的使用

1）感应模块通电后有 1 min 左右的初始化时间，在此期间模块会间隔地输出 0～3 次，1 min 后进入待机状态。

2）安装时应尽量避免灯光等干扰源近距离直射模块表面的透镜，以免引进干扰信号产生误动作；使用环境尽量避免流动的风，风也会对感应器造成干扰。

3）感应模块采用双元探头，探头的窗口为长方形，双元（A 元、B 元）位于较长方向的两端。当人体从左到右或从右到左走过时，红外光谱到达双元的时间、距离有差值，差值越大，感应越灵敏；当人体从正面走向探头或从上到下（或从下到上）走过时，双元检测不到红外光谱距离的变化，无差值，因此感应不灵敏或不工作。所以，安装感应器时应使探头双元的方向与人体活动最多的方向尽量平行，保证人体经过时先后被探头双元所感应。为了增大感应角度范围，模块采用圆形透镜，也使得探头能够四面都感应，但左右两侧仍然比上下两个方向感应范围大、灵敏度强，安装时仍须尽量满足以上要求。

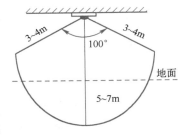

图 3-18　HC-SR501 人体感应模块的感应角度和距离示意图

图 3-18 所示为 HC-SR501 人体感应模块的感应角度和距离示意图。

3.3.2　微波传感器

微波是指频率在 300 MHz～300 GHz 范围内的电磁波，波长大约在 1 mm～1 m 范围内，又可以细分为分米波、厘米波、毫米波等波段。微波作为一种电磁波，通常呈现穿透、反射、吸收三个特性。对于玻璃、塑料和瓷器，微波几乎是穿透而不被吸收；而水和食物等会吸收微波而使自身发热；金属类物质则会反射微波。微波既具有电磁波的性质，又不同于普通无线电波和其他用于辐射加热的电磁波，因此具有更好的穿透性。

微波传感器则是利用微波的特性来进行物理量检测的器件。近年来，国内外利用微波频段电磁波的特性研制生产了大量用于非电参量的检测和无损伤探测方面的微波传感器。微波传感器具有不接触、无损伤、连续、远距离、无毒害、不污染环境、易于维护、成本较低等一系列优点，在许多场合十分有用。

1. 基本工作原理

微波传感器是利用微波的反射、吸收等主要特性来检测信号的器件，因此需要有一个产生微波的部件即发射天线。由发射天线发出微波，此波遇到被测物体时将被吸收或反射，使微波功率发生变化。然后利用接收天线接收通过被测物体或由被测物体反射回来的微波，并将它转换为电信号，再经过信号调理电路，即可以显示出被测量，实现微波检测。根据工作原理，微波传感器一般可以分为反射式和遮断式两类。

反射式微波传感器的发射天线和接收天线处在被测物体的同一侧。发射天线发射的微波经过被测物体反射后由接收天线接收，然后通过对接收到的微波功率或经过的时间间隔进行计算来得到被测量。通常它可以测量物体的位置、位移、厚度等参数。

遮断式微波传感器的发射天线和接收天线位于被测物体的两侧。发射天线发射的微波经过被测物体吸收一部分后到达接收天线，然后通过检测接收天线收到的微波功率大小来判断发射天线与接收天线之间有无被测物体或被测物体的厚度、含水量等参数。

2. 微波传感器的组成

从工作原理可以看出，微波传感器主要由 3 个部分组成：微波振荡器（即微波发射器）、微波天线及微波检测器。

其中微波振荡器是产生微波信号的装置。而一般的微波振荡器的核心是由一个有源非线性器件（如二极管、晶体管）和一个谐振电路构成。从前文可知，微波的频率很高（300 MHz～300 GHz），要求振荡回路中具有非常微小的电感与电容，不能用普通的晶体管构成微波振荡器。因此一般微波振荡器内有调速管、磁控管和某些固态器件，小型微波振荡器也可以采用场效应管。

由微波振荡器产生的振荡信号需要用波导管传输，并通过天线发射。为了使发射的微波具有尖锐的方向性，天线要具有特殊的结构。

微波检测时使用电流-电压特性呈现非线性的电子元件作为探测敏感探头。与其他传感器相比，该敏感探头在其工作频率范围内必须有足够快的响应速度。一般情况下，频率在 1 MHz 以下时通常可用半导体 PN 结，而对于频率比较高的可使用肖特基结。在灵敏度特性要求特别高的情况下可使用超导材料的约瑟夫逊结检测器、SIS 检测器等超导隧道结元件，而在接近可见光的频率区域（380～790 THz）可使用由金属-氧化物-金属构成的隧道结元件。

3. 多普勒雷达探测器

多普勒雷达探测器也是微波传感器的一种，常见的微波在 10 GHz、24 GHz、35 GHz、77 GHz 频段，其中 24 GHz 和 77 GHz 频段的微波因为在大气中衰弱不严重，常被用于交通测速雷达、汽车变道辅助系统、水位计、汽车雷达巡航系统、天车防撞、机场防入侵、自动门感应和水龙头感应等。相对于传统的喇叭天线型微波传感器，此类传感器采用平面微带技术，具有稳定性高、体积小、感应灵敏等特点。

（1）HB100 多普勒雷达探测器　HB100 是标准的 10.525 GHz 微波多普勒雷达探测器，是利用多普勒理论设计的微波移动物体探测器，主要应用于自动门控制开关、安全防范系统、ATM（自动取款机）的自动录像控制系统、火车自动信号机等场所。图 3-19 所示为 HB100 外形。

　　多普勒效应是指：当微波在行进过程中碰到物体时会被反射，反射波的频率会随碰到物体的移动状态而改变。如果微波碰到的物体的位置是固定的，那么反射波的频率和发射波的频率相等。如果物体朝着发射的方向移动，则反射波会被压缩，即反射波的频率会增高；反之反射波的频率会降低，如图 3-20 所示。

图 3-19　HB100 外形

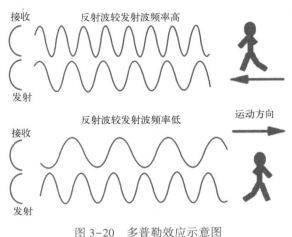

图 3-20　多普勒效应示意图

　　根据多普勒效应设计的微波探测器由 FET 介质微波振荡源（10.525 GHz）、功率分配器、发射天线、接收天线、混频器、检波器等电路组成。发射天线向外定向发射微波，遇到物体时被反射，反射波被接收天线接收，然后输入到混频器中与振荡波混合，最后通过检波得到一个低频信号，该信号反映了物体移动的速度。

　　（2）24G 多普勒雷达探测器　24G 微波模块也是一类应用广泛的多普勒雷达模块，其发射信号的频率为 24 GHz。CDM-324 型微波传感器就是 24G 微波模块的一种。它可实现运动目标探测，可广泛应用于商业、工业、自动控制等领域，内含高级低功耗 PHEMT 振荡器，各组信号有独立的发射和接收路径，可获得最大增益，作用距离 15 m。但是相对于 HB100 来说，其价格较高，图 3-21a 所示为其实物图，图 3-21b 为利用其制成的自动门检测器。

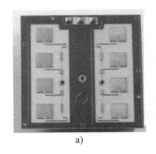
a)

b)

图 3-21　CDM-324 型微波传感器

a）实物　b）自动门检测器

3.3.3 人体感应模块电路设计

任务描述

系统功能要求当有人或者动物接近设备一定范围内时发出报警声,因此需要选择一个可以检测人或者动物有无的传感器,并设计出具体的信号采集电路,要求电路最终输出的信号能够直接被单片机系统采集到。

任务分析

系统需要快速检测出是否有人或者动物进入系统的一定范围内,从而执行相应的操作。而生活中许多场合都有这种检测要求,例如银行或者酒店等场所使用的自动门,商店或者超市使用的自动欢迎系统等。前文介绍的微波传感器、红外传感器等都可以实现类似的功能,可以根据具体的应用场合进行选择。

任务实施

1)器件选择:根据传感器选择的基本原则,在满足项目要求的前提下,考虑到器件的通用性、性价比、体积等各种因素,这里选择使用热释电红外传感器来进行人体信号的检测。

2)模块电路设计:图 3-21 所显示的就是以 D203S 热释电红外传感器为核心检测单元的人体感应模块,其已经将各种信号处理电路做成了一个模块化结构,用户可以直接使用。

3)在具体使用之前,还需要考虑以下几个问题:模块检测人体信号的有效范围是多少?是否符合本项目要求?如何给模块供电?输出信号能否直接被单片机识别?是否需要增加信号的处理转换电路?读者可以在前文中找到相关答案,并填入表 3-4 中。

表 3-4 HC-SR501 人体感应模块相关参数

工作电压		感应角度	
输出信号		感应距离	

4)从分析结果可以知道,在使用时,HC-SR501 人体感应模块的输出信号可以直接与单片机相连,同时给其相应的输入引脚接上合适的电源电压即可,图 3-22 所示为其接线图。

5)利用示波器观察模块输出端的波形当有人在检测范围内移动时的变化情况,并记录下来。

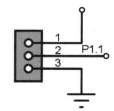

图 3-22 HC-SR501
模块接线图

任务小结

任务最终选择了一个已经打包成模块的检测单元来进行信号采集,使用方便,编程简单。在进行电路设计时,在多方面综合考虑后可以选择类似的模块完成自己的检测控制任务,既可以提高设计效率,又可以将特定的事情交给专业的人去完成。学会顶层统筹使用也是一个非常不错的方法。

任务3.4 设计与安装无人值守警示系统整体电路

3.4.1 设计无人值守警示系统硬件电路

任务描述

根据项目的整体控制要求,结合已经完成的光信号采集模块、人体信号采集模块,再综合前文学过的蜂鸣器控制以及 LED 灯控制，来完成警示系统的整体电路设计，并对所用元器件的实物进行识别与测量。

任务分析

根据任务要求，需要完成对光控警示系统的整体电路设计及所用元器件识别。首先根据警示系统的模块框图设计出完整的原理图，主要包含单片机最小系统、蜂鸣器电路、LED 输出电路、光信号采集模块以及人体信号采集模块。这里需要注意各模块之间信号的输入与输出。然后将使用的主要器件进行简要介绍。

同时还有一个问题需要思考：硬件安装好以后，如何将计算机上编好的程序下载到单片机中？

这一般有两种解决方法。第一种方法是直接将单片机从系统中取下来，放到专门的下载器上进行下载，然后再安装。这种方法的缺点是比较麻烦，尤其是在程序调试阶段，会大大降低设计的进度；优点是系统设计比较简单，单片机的 I/O 口可以任意使用。

第二种方法是在系统设计时，直接预留一个程序下载的端口。这种端口有多种设计方式，其中一种方式是直接空出单片机的 P1.5、P1.6、P1.7 三个引脚，保留一个程序下载的端口，然后使用专门的程序下载转接线来进行程序下载。这种方式的缺点是占用单片机的 3 个 I/O 口，优点是调试过程中可以反复进行程序下载，方便进行程序功能的修改，提高效率。两种方法各有优缺点，读者可以自行选择。本书将采用第二种方法。在原理图中将预留程序下载端口。

任务实施

1）根据项目要求，综合设计出警示系统整体原理图，如图 3-23 所示。其中与单片机 P1.5、P1.6、P1.7 以及 9 脚（复位引脚）相连的 J1 元件就是预留的程序下载端口，在进行实物安装时一定要注意每个引脚的连接方式。

3-12
预警系统硬件
电路分析

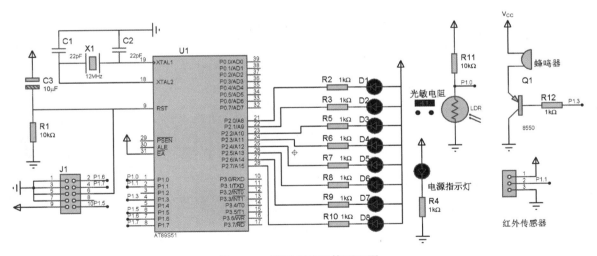

图 3-23　警示系统整体原理图

2）原理图中 LED 灯没有进行花样设计，直接使用 8 个 LED 灯的简单设计，读者自行设计时，可以根据端口使用情况自行选择一个主题来进行设计，如灯的颜色、灯的个数以及摆放形状（如一个彩色的爱国之心、一个火箭起飞的航天梦等）都可以根据设计进行调整。需要注意的是，当灯的个数比较多时，尽量采用共阳极接法，保证电路的供电。

图 3-23 中主要控制端口的分配见表 3-5, 读者在进行实物制作时可以根据实际情况进行调整。

表 3-5　控制端口分配表

端　口	功　能	端　口	功　能
P1.0	光信号检测	P2 口	LED 控制
P1.1	有人接近信号检测	20	电源地
P1.3	发声设备输出控制	31	接电源 V_{CC}
P1.5~P1.7	程序下载	40	电源正 V_{CC}

注: 1) 在原理图中, 单片机引脚 20 和 40 脚没有画出, 但是在进行实物制作时, 这两个引脚一定要分别连接到系统的电源负极和正极。

2) 这里的电源指示灯电路只是为了指示硬件上的电源是否正常接入, 与单片机控制电路没有直接联系。

3) 这里的蜂鸣器电路由于现有实物的限制换成了 PNP 型晶体管进行控制, 不影响最终功能。

3) 光控警示系统整体原理图由多个部分构成, 下面分别对每一功能块所用的元器件进行简要介绍。

① 单片机最小系统电路图如图 3-24 所示, 主要包含时钟电路、复位电路、电源电路和程序下载电路。

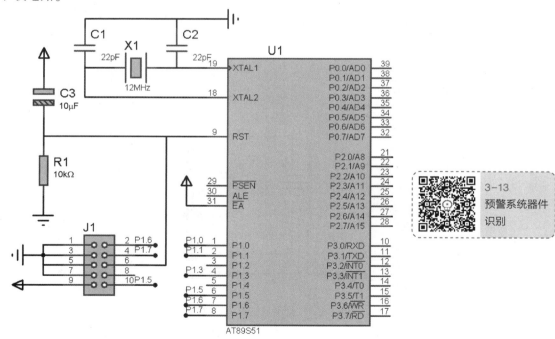

图 3-24　警示系统原理图中的最小系统

时钟电路: 由 12 MHz 晶振和 20 pF 瓷片电容组成。时钟电路及其使用的元器件实物如图 3-25 所示, 两个元器件在焊接时都不区分正负极。

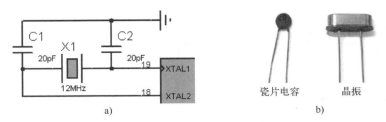

图 3-25　时钟电路及其使用的元器件实物

复位电路：复位电路由 $10 \, k\Omega$ 电阻和 $10 \, \mu F$ 电解电容组成，其电路及其使用的元器件实物如图 3-26 所示，其中电解电容焊接时需要注意区分正负极：新器件可以用引脚的长短判断，长腿为正、短腿为负；也可以观察器件表面，一条标有白色负号标志的引脚为负。而电阻不用区分正负极。

电源电路：电源电路分别由电源插孔、电源指示灯、限流电阻组成，其实物如图 3-27 所示。第一个三端器件为电源插孔，可以用万用表的电阻档来测量其对应引脚的具体连接。电源指示灯（LED）需要区分正负极，可以直接用"长腿为正、短腿为负"来区分，也可以用万用表的电阻档来区分。

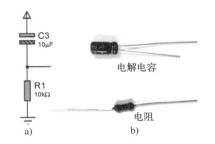

图 3-26　复位电路及其使用的元器件实物

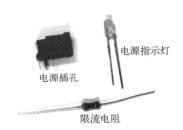

图 3-27　电源电路中的元器件实物

程序下载电路：程序下载电路利用十针卡座完成，其电路及其端口使用的器件实物如图 3-28 所示。其上的插针两端长短不一，在焊接到电路板上时，应注意将短腿焊接到电路板上，长腿留出与下载转换电路连接。

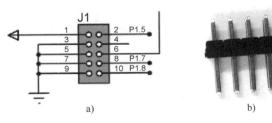

图 3-28　程序下载电路及其端口使用的器件实物

② LED 输出电路主要由 LED 和限流电阻构成，其电路及其使用的元器件实物如图 3-29 所示。这里使用的是共阳极接法，器件的判断方法和电源电路一致。

③ 信号采集电路主要由光信号采集电路和人体信号采集电路两部分构成。其中，光信号采集电路由分压电阻和光敏电阻构成，其电路及其使用的元器件实物如图 3-30 所示，光敏电阻和普通电阻一样，不需要区分正负极。

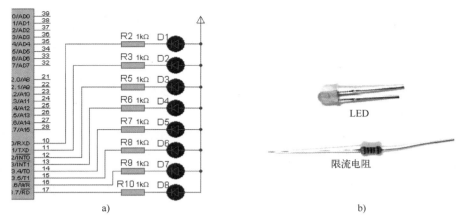

图 3-29　LED 灯输出电路及其使用的元器件实物

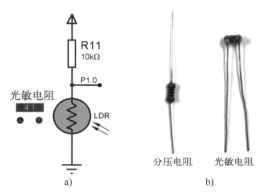

图 3-30　光信号采集电路及其使用的元器件实物

④ 人体信号采集电路采用三端插针完成，其电路及其使用的元器件实物如图 3-31 所示。其中红外信号的采集模块只需要在电路焊接完成以后连接到对应插针上，需要注意电源的正负。

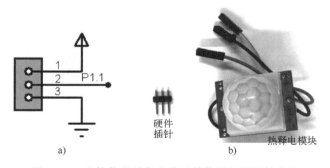

图 3-31　人体信号采集电路及其使用的元器件实物

⑤ 蜂鸣器电路主要由晶体管 8550、蜂鸣器和基极电阻构成，其电路及其使用的元器件实物如图 3-32 所示。其中蜂鸣器需要区分正负极，新的蜂鸣器可以用"长腿为正、短腿为负"的原则来判断，将其长腿连接到高电平上，如果是引脚被剪断后的器件，可以参考蜂鸣器部分相关内容进行测量。

晶体管在实物安装时要注意 3 个引脚的连接，元器件正面朝向自己，3 个引脚分别为 e（发射极）、b（基极）、c（集电极）。

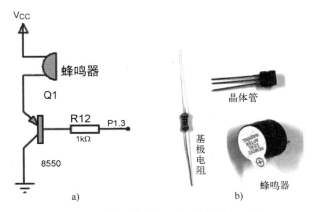

图 3-32 蜂鸣器电路及其使用的元器件实物

任务小结

读者可以根据手中已有的相关元器件来准备实物，并提前对其进行熟悉。接下来进行硬件安装实践。

3.4.2 安装无人值守警示系统硬件电路

任务描述

根据项目的整体原理图，完成本项目中的硬件安装任务。

任务分析

根据项目整体原理图，准备相应的元器件和电路板，然后利用电烙铁进行电路的整体安装，主要包括以下电路的安装：单片机最小系统、程序下载电路、LED 输出电路、信号采集电路及蜂鸣器电路。在安装过程中要注意每个元器件的正负极、元器件布局以及元器件之间的连接。

任务实施

（1）准备工具和元器件　需要准备的元器件见表 3-6。

表 3-6 元器件明细表

名　　称	数　量	名　　称	数　量
万能板	1	LED	9
单片机 AT89S51	1	1 kΩ 电阻	10
单片机底座	1	十针卡座	1
12 MHz 晶振	1	晶体管 8550	1
20 pF 瓷片电容	2	蜂鸣器	1
10 kΩ 电阻	2	光敏电阻	1
10 μF 电解电容	1	三端插针	1
电源插孔	1		

（2）检查核对元器件　根据电路原理图和元器件明细表对元器件进行检查，核对元器件数量，从外观上检查元器件是否有损坏，同时用万用表检查是否有性能不良或坏的元器件。

（3）安装电路板　元器件安装的原则是先小后大、先里后外、先轻后重。为了在安装过程中可以学习和熟悉单片机电路，这里按照电路功能块和元器件类型进行安装。

1）安装时钟电路：1个12 MHz晶振和2个22 pF瓷片电容。如图3-33所示，先将单片机底座在万能板上焊接好，焊接时确定好单片机底座缺口的方向。将晶振和瓷片电容放置于底座内（也可以自行调整位置，此处只是为了节省空间），晶振的两端分别接单片机18和19脚，2个瓷片电容的一端分别与晶振的两端相连，另一端接单片机20脚。

2）安装复位及电源电路。复位电路由1个10 kΩ电阻和1个10 μF电解电容构成。如图3-34所示，电解电容的正极接单片机40脚，负极和电阻一端相连并接到单片机9脚，电阻的另一端接单片机20脚。电源电路由1个电源插孔、1个LED和1个限流电阻构成。其中LED的正极接单片机40脚，负极与电阻一端相连，电阻的另一端接单片机20脚。

图3-33　单片机底座与时钟电路安装

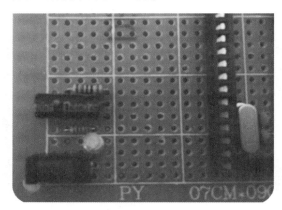

图3-34　复位与电源电路安装

3）安装程序下载电路：1个十针卡座。如图3-35所示，十针卡座的1脚接单片机40脚，第3、5、7、9引脚接单片机20脚，2脚接到单片机P1.5口（即6脚），4脚悬空，6脚接到单片机9脚，8脚接到单片机P1.7口（即8脚），10脚接到单片机P1.6口（即7脚）。

4）安装LED输出电路：8个LED和8个1 kΩ电阻。如图3-36所示，8个LED的正极分别接到单片机40脚，负极分别与8个1 kΩ电阻的一端连接，电阻的另一端分别接到单片机P3.0~P3.7口（即10~17脚）。

图3-35　程序下载电路安装

图3-36　LED输出电路安装

5）安装光信号采集电路：1 个 10 kΩ 电阻、1 个光敏电阻。如图 3-37 所示，10 kΩ 电阻的一端接单片机 40 脚，另一端与光敏电阻一端相连并接到单片机 P1.0 口（即 1 脚），光敏电阻另一端接单片机 20 脚。

6）安装人体信号采集电路：1 个三端插针。如图 3-38 所示，三端插针的 1 脚接单片机 40 脚，2 脚接单片机 P1.1 口（即 2 脚），3 脚接单片机 20 脚。

图 3-37　光信号采集电路安装

图 3-38　人体信号采集电路安装

7）安装蜂鸣器电路：1 个 8550 晶体管、1 个蜂鸣器和 1 个基极电阻。如图 3-39 所示，蜂鸣器的正极接单片机 40 脚，负极接晶体管的集电极，晶体管的基极接 1 kΩ 电阻的一端，电阻的另一端接单片机 P1.3 口（即 4 脚），晶体管的发射极接单片机 20 脚。

8）安装完成后的硬件图如图 3-40 所示。

图 3-39　蜂鸣器电路安装

图 3-40　安装完成后硬件图

 注：1）上述安装顺序只是参考，读者可以根据实际情况确定自己的安装顺序。

　　2）单片机 AT89S51 建议焊接插座，然后将 AT89S51 插入插座中。

　　3）元件插孔都是金属过孔，焊接时将锡铺满焊盘即可，不用像贴片焊接一样在元件引脚上留下较大焊锡点。

任务小结

本任务提供了一个实际动手安装单片机检测系统的实例，但是很多情况下，初学者都会自行购买一套单片机学习板，绝大多数程序都可以在其上进行练习。若不想动手焊接电路板则可跳过本任务，直接在开发板上调试学习。

任务 3.5 调试无人值守警示系统

3.5.1 调试系统程序下载功能

任务描述

3-16
程序下载功能
调试

无人值守警示系统硬件电路搭建好后，就可以将已经编译好的程序下载到单片机实物中，进行程序下载的调试。

任务分析

根据任务要求，完成程序下载的调试，这里使用 ISP 的下载方式以及程序下载线，因此要先完成 ISP 程序下载线驱动的安装，然后再连接硬件，进行程序下载。

任务实施

（1）安装 ISP 程序下载线驱动 ISP 程序下载线可以很方便购买到，但是市面上不同厂家生产的产品各不相同，部分产品内部已经安装了驱动程序，也有部分产品的驱动程序需要自行安装。具体的驱动程序及安装方法可以从商家获取得到。

（2）程序下载

1）将硬件电路与下载线连接好，注意连接导线的方向。

2）打开程序下载软件 progrisp，并根据硬件选择单片机的型号。图 3-41 所示为下载软件基本界面。

3）单击"擦除"按钮，如果通信正常，则会出现"芯片擦除成功"提示，如图 3-42 所示。

图 3-41 ISP 基本界面

图 3-42 选择擦除

4）单击"调入 Flash"按钮，然后选择已经准备好的 HEX 文件，如图 3-43 所示。

5）当显示"调入 Flash 文件…"后，单击"自动"按钮，如图 3-44 所示。

图 3-43 调入 Flash

图 3-44 单击"自动"按钮

6）如果程序下载成功，将显示"擦除、写 Flash…"，如图 3-45 所示。

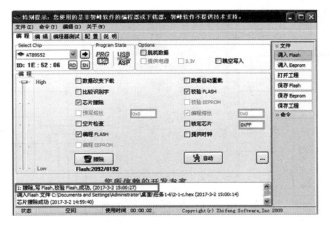

图 3-45 程序下载成功界面

（3）程序下载常见故障 当 ISP 程序下载线驱动安装好后，通常可从以下 6 个方面对电路板无法下载程序这一故障进行排除。

1）单片机 40 脚是否连接 5 V 电源，20 脚是否接电源地。

2）31 脚是否接到 5 V。

3）晶振电路连接是否正常。

4）下载端口引脚连接是否正确。

5）整个电路板是否短路。

6）电路连接没有错误，但是部分引脚或者导线焊接是否存在虚焊。

任务小结

电路板程序下载调试是硬件调试的第一步，也是出现故障最多的一步，读者一定不能急躁，相信问题一定能够解决，并按照上面提供的 6 个方面逐一排除。尤其是第 6 个故障原因，很多电路板从外观看焊接得都很不错，但是其内部就是虚焊，一定要耐心细致检查，秉承不畏艰难的精神，肯定能够调试成功。

3.5.2 调试系统光报警功能

任务描述

完成程序下载调试后，将编写好的 LED 警示系统闪烁程序下载到单片机中，通过单片机控制完成光信号采集功能的调试。

3-17
常见故障排除

任务分析

根据任务要求，首先需要根据硬件的端口分配来完成 LED 警示系统闪烁程序的编写，然后再进行实物程序下载与功能的调试。在程序编写时，根据闪烁状态的不同可以采用前面所学的顺序编程或循环编程方法来完成。当显示的状态数比较多，而状态变化又没有固定规律时，采用数组方式实现的循环编程更加合适，这里采用这种方式来完成显示程序的编写。

任务实施

1）在硬件电路焊接时，选择 P3 口来连接共阳极接法的 8 个 LED，如图 3-46 所示。

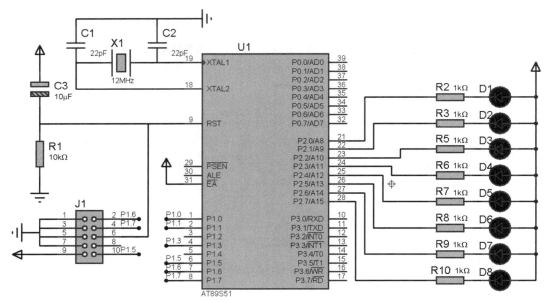

图 3-46　任务中系统硬件电路图

2) 按照任务要求编写程序。

打开 Keil 软件, 新建一个项目文件, 命名为 "3-5-2. uv2"。选择单片机型号为 AT89C51,
然后新建一个程序文件 "3-5-2. c", 并将程序文件添加到项目中。在新建的 "3-5-2. c" 文
件中输入如下程序。

```
/ *****************************************************************/
#include "reg51. h"
void delay( unsigned int xms) ;            //延时子函数声明
/ ********************* 主函数 *********************************/
  void main( void)
  {
      unsigned char data1[ 16] = {0xff,0x00,0xaa,0x00,0x01,0x03,0x07,0x0f,
                         0x1f,0x3f,0x7f,0xff,0x7e,0x3c,0x18,0x00};
      unsigned char k;
      while(1)
      {
        for( k=0;k<16;k++)             //循环 16 次
          {
            P3=data1[ k] ;             //将数组中第 k 个元素取出送到 P3 口
            delay(500) ;              //调用延时
          }
      }
  }

  / **********定义延时子函数,在主函数之后,因此在主函数之前要先声明**********/
  void delay( unsigned int xms)           //延时子函数定义
  {
    unsigned int i,j;
```

```
      for(i=xms;i>0;i--)
        for(j=102;j>0;j--);
    }
```

 注：1）如果需要修改 LED 的显示状态，只需直接修改数组中的数据即可，如果需要变化状态的次数，只需修改循环的次数即可。

　　2）如果使用的单片机端口不是 P3 口，只需将程序中的 P 口进行相应的修改即可。

　　3）将编译好的 HEX 文件下载到安装好的警示系统中运行，观察 LED 的状态。

任务小结

当 LED 显示程序下载到单片机实物中时，通常可从以下几个方面检查 LED 电路故障：

1）整体不亮：高电平连接是否正常，LED 是否整体接反。

2）部分不亮：对应 LED 正负极连接是否虚焊、是否反接，对应 P 口是否连接。

3.5.3　调试无人值守警示系统整体功能

任务描述

在已经完成硬件程序下载功能调试和系统 LED 闪烁功能调试的基础上，要完成无人值守警示系统整体功能的调试。即要求白天警示标志不发光，当人接近配电设备一定范围内时，发出报警声。夜晚，当光线变暗时，组成警示标志的灯点亮，并且呈现各种变化状态（10 组以上），同样，当人接近配电设备一定范围内时，发出报警声。项目的拓展功能读者可以自行完成。

3-18
C51 分支选择编程方法

任务分析

根据要求，需要在 LED 闪烁程序前添加判断当前状态的语句，即判断当前是白天还是黑夜、有人还是无人的状态，并根据判断的结果来选择执行不同的程序段，分别控制蜂鸣器和 LED 的不同状态。在 C 语言中，可以用来进行条件判断的语句有很多，这里选择使用 if...else 语句来实现。

3-19
if 语句实现单分支程序设计

任务实施

1）按照任务要求编写程序。项目要求有 4 种不同的工作状态：白天无人时，灯不亮、蜂鸣器不响；白天有人时，灯不亮、蜂鸣器响；夜晚无人时，灯闪烁、蜂鸣器不响；夜晚有人时，灯闪烁、蜂鸣器响。用if...else 语句来实现 4 种状态，这里选择使用其嵌套方式来实现。具体编程思路如图 3-47 所示。

3-20
if else 实现双分支程序设计

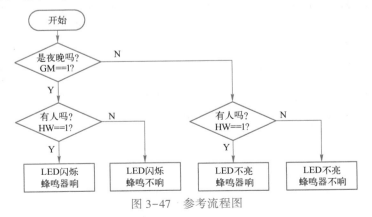

图 3-47　参考流程图

打开 Keil 软件，新建一个项目文件，命名为"3-5-3.uv2"。选择单片机型号为 AT89C51，然后新建一个程序文件"3-5-3.c"，并将该程序文件添加到项目中。在新建的"3-5-3.c"文件中输入如下程序。

```
/*****************************************************/
#include "reg51.h"              //头文件包含
sbit HW=P1^1;                   //红外信号的输入端
sbit GM=P1^0;                   //光敏信号的输入端
sbit SPK=P1^3;                  //蜂鸣器控制端

void LED(void);                 //LED 组合点亮子程序声明
void delay(unsigned int xms);   //延时子函数声明
void main(void)
{ while(1)
    {
      if(GM==1)                 //如果是夜晚
        { LED();
          if(HW==1)             //有人接近
            SPK=0;
          else
            SPK=1;
        }
      else                      //如果是白天
        {P3=0xff;               //灯熄灭
          if(HW==1)             //有人接近
            SPK=0;
          else
            SPK=1;
        }
    }
}


void LED(void)                  //延时子函数定义
{ unsigned char data1[16]={0xff,0x00,0xaa,0x00,0x01,0x03,0x07,0x0f,
                  0x1f,0x3f,0x7f,0xff,0x7e,0x3c,0x18,0x00};
    unsigned char k;
    for(k=0;k<16;k++)           //循环 16 次
      {
        P3=data1[k];            //将数组中第 k 个元素取出送到 P3 口
        delay(200);             //调用延时
      }
}
```

```
/ ** ** ** ** ** 定义延时子函数,在主函数之后,因此在主函数之前要先声明 ** ** ** ** ** /
void delay( unsigned int xms)          //延时子函数定义
{
    unsigned int i,j;
    for(i=xms;i>0;i--)
        for(j=102;j>0;j--);
}
```

 注： 程序中为了让结构更清晰，将 LED 闪烁程序做成子函数 LED( )，并在主函数相应位置进行了调用。

2）将编译好的系统整体功能程序下载到安装好的单片机实验电路板中进行调试，观察整体功能。

任务小结

本次系统调试通常可从以下 2 个方面进行电路故障排查。

1）蜂鸣器不响（蜂鸣器正负极反接、未接）；晶体管连接错误；是否与单片机控制端相连。

2）光敏和红外电路：单片机引脚连接、正负极连接等是否正确。

至此已经完成了一个具体的信号检查与控制系统从设计到安装与调试这一完整过程，读者需要多总结，以更加熟悉测控系统设计的一般步骤。

项目四 数字参数显示系统设计与仿真

在很多工业设备、检测系统以及生活设施上，有一些运行状态或者运行数据需要及时地显示在用户面前，使得用户可以及时掌握设备、设施的运行情况，是这些设备、设施与用户进行沟通的一个重要手段。随着材料加工工业和生产技术的进步，显示器件种类越来越多，设计者在使用时可以综合多方面因素进行选择。本项目将介绍一种使用得最多、性价比高的显示器件——LED 数码管，这种器件在只需要显示少数数字或字母的场合，是设计者最常用的选择。

项目描述：以显示某个检测系统运行状态以及测试结果的显示屏为设计目标：显示屏由四位数码管组成，当系统处于启动状态时，显示屏显示为 OFF；当系统处于测量状态时，显示测量结果；当系统处于设置状态时，显示设置好的转速上限或下限，或者调整过程。在任务中要求完成固定状态（初始状态）的显示以及某个变量值的显示。

项目实施：根据任务的要求，系统的显示屏由四位数码管组成，要完成显示屏的两种显示状态：第一种显示状态为固定不变的 OFF，第二种显示状态为显示某个变量的值，这里设置为转速变量 ZS。本着由简到难的顺序，这里将任务分解成四步，逐步带领读者走进数码管显示的世界。

第一步控制单个数码管显示，这是个基础任务，要求读者在完成任务的同时掌握数码管在硬件和软件上的使用技巧；第二步为控制数码管显示 OFF，学会同时使用多个数码管并显示固定不动的字母或数字；第三步将在第二步的基础上，掌握显示内容变化时程序的编写方式，学会显示变化的数字。最后一步要完成显示一个变量的值，学会如何将变量的百、十、个位上的数字拆分开送到数码管中进行显示，从而完成本项目的控制要求。

任务 4.1 单个数码管的显示

4.1.1 数码管的基本结构及字形编码

LED 数码管从外形结构上可以分成七段数码管和八段数码管两种，其中八段数码管如图 4-1 所示，由 8 个 LED 组合成"字段"，可用于显示数字 0~9 和部分简单字符。而七段数码管少了右下角的一个小圆点，在不需要显示小数点的场合可以使用。本书后面以八段数码管为对象进行介绍。

4-1
常见显示器件

1. 数码管的结构

一位的数码管外部引脚如图 4-2 所示，共 10 个引脚。按其内部结构可分为"共阳极"和"共阴极"两种。共阳极内部连接如图 4-3a 所示，将 8 个 LED 的阳极连接在一起，作为公共控制端（COM），使用时接高电平；阴极作为"段"控制端，当某段控制端为低电平时，该端对应的 LED 导通并点亮。通过点亮不同的段，可显示出各种数字或字符。例如显示数字"1"时，b、c 两端接低电平，其他各端接高电平。共阴极内部连接如图 4-3b 所示，是将 8 个 LED 的阴极连接在一起，作为公共控制端（COM），使用时接低电平（接地），阳极作为"段"控制端。当某段控制段为高电平时，该段对应的 LED 导通并点亮。

图 4-1 数码
管外形

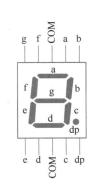

图 4-2 数码管引脚图

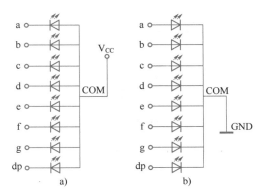

图 4-3 数码管内部结构图

 注：很多场合并不需要数码管右下角的 dp 点，因此有些数码管是七段数码管，在引脚上 dp 段为空引脚。

2. 数码管的字段码

数码管与单片机相连接时，数码管的公共端按照其类型不同接电源 5V 或接地，数码管的各段引脚 a、b、c、d、e、f、g、dp 通常接到单片机的某一个 P 口的 PX.0～PX.7 上，当该 P 口输出某一字符信息时，就能使数码管显示出相应的字符。例如共阳极数码管，其公共端接 5V，如果要显示数字"0"，则数码管的 a、b、c、d、e、f 六个段应点亮，其他段熄灭，可以用 8 位的二进制数 11000000B（C0H 或 0xc0）表示，该数据就是与字符"0"相对应的显示字段码。表 4-1 中分别列出了共阳极、共阴极数码管的显示字段码。

表 4-1　共阳极、共阴极数码管的显示字段码

显示字符	共阳极数码管			共阴极数码管		
	dp g f e d c b a	字段码		dp g f e d c b a	字段码	
0	1 1 0 0 0 0 0 0	C0H	0xc0	0 0 1 1 1 1 1 1	3FH	0x3f
1	1 1 1 1 1 0 0 1	F9H	0xf9	0 0 0 0 0 1 1 0	06H	0x06
2	1 0 1 0 0 1 0 0	A4H	0xa4	0 1 0 1 1 0 1 1	5BH	0x5b
3	1 0 1 1 0 0 0 0	B0H	0xb0	0 1 0 0 1 1 1 1	4FH	0x4f
4	1 0 0 1 1 0 0 1	99H	0x99	0 1 1 0 0 1 1 0	66H	0x66
5	1 0 0 1 0 0 1 0	92H	0x92	0 1 1 0 1 1 0 1	6DH	0x6d
6	1 0 0 0 0 0 1 0	82H	0x82	0 1 1 1 1 1 0 1	7DH	0x7d

（续）

显示字符	共阳极数码管			共阴极数码管		
	dp g f e d c b a	字段码		dp g f e d c b a	字段码	
7	1 1 1 1 1 0 0 0	F8H	0xf8	0 0 0 0 0 1 1 1	07H	0x07
8	1 0 0 0 0 0 0 0	80H	0x80	0 1 1 1 1 1 1 1	7FH	0x7f
9	1 0 0 1 0 0 0 0	90H	0x90	0 1 1 0 1 1 1 1	6FH	0x6f

　　从表 4-1 中可以看出共阳极、共阴极数码管字段码之间互为取反关系，这与它们的结构关系是一致的，所以只要掌握了其中一种类型数码管的字段码就可以推出另一种。但在实际应用中，还有其他形式的引脚排列顺序，编写字段码时要注意。

4.1.2　单个数码管显示

任务描述

4-2
数码管静态显示

　　利用单片机的 P 口来控制一个数码管，并在数码管上显示数字，从 0 变化到 9，再循环，每隔 250ms 变化一次。

任务分析

　　任务要求利用单片机对单个数码管进行控制，数码管从内部连接方式上可以分为共阴极和共阳极两种。而选择不同类型的数码管，对应输入的字段码是不同的，编程人员在进行程序设计时需要注意。

　　硬件连接：八段数码管实际就是 8 个 LED 排列成一个 "8" 字形状的器件。这里选择共阳极数码管，即需要将其公共端 COM 接到电源 5 V 上，而段码端（a~f、dp）刚好对应每个 LED 的一个控制端，要想让哪一段 LED 点亮或者熄灭，只需要控制对应段码端的高低电平即可，如图 4-4 所示，数码管的段码端接单片机的 I/O。

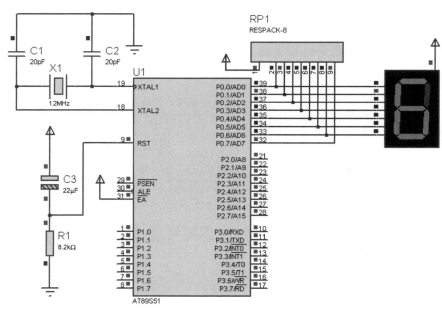

图 4-4　单个数码管的静态显示仿真电路图

这种数码管的每一个段码端都要独占一个具有锁存功能的输出口，单片机把要显示的字段码送到输出口，就可以使数码管显示对应的字符，在重新送出新的字段码之前，显示的内容一直不会消失的工作方式称为数码管的静态显示法。数码管的这种工作方式具有显示稳定、亮度大、节约 CPU 时间的优点，但是其占用的 I/O 线较多，硬件成本比较高。

 注：数码管的静态显示法也可以是将数码管字段端连接在专门的数据锁存器上，再将锁存器与单片机相连，读者遇到这种硬件设计时需要注意辨别。

软件设计：任务要求数码管依次显示出 0~9 共 10 个数据，中间间隔 250 ms。这里首先要解决的问题是如何让数码管显示想要的数字，如数字 "0"：硬件上将单片机的 P0 口与数码管的字段端相连，而数码管采用共阳极接法，当需要显示 "0" 时，在单片机的 P0 口输出 11000000B（0xc0）即可。

其次要解决的问题是，如何让要显示的数字每 250 ms 变化一次，而且从 0~9 不断循环变化。这个问题似乎更加简单：利用一个循环 10 次的程序段，每运行一次，就在数码管上显示一个数字，并且延时 250 ms；循环 10 次后就完成了从 0 到 9 的显示，然后再重新开始循环。而程序段每次执行时，需要修改送到 P0 口的值。

任务实施

1）运行 Proteus 软件，绘制设计好的电路图，或者用实物搭建出设计好的电路。

2）按照以上思路编写程序。

利用 C 语言编程时，可以事先将每个数字对应的字段码放在一个数组中，在需要显示相应的数字时，就将该数组中对应的元素值赋值给单片机的 P0 口即可，参考流程如图 4-5 所示。

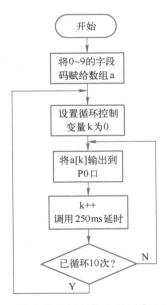

图 4-5 单个数码管的静态显示参考流程图

打开 Keil 软件，新建一个项目文件，命名为 "4-1. uv2"。选择单片机型号为 AT89C51，然后新建一个程序文件 "4-1. c"，并将该程序文件添加到项目中。在新建的 "4-1. c" 文件中输入如下程序。

```
/*********************************************************
  标题:单个数码管静态显示_c
  效果:单个数码管显示固定数字
  *******************************************************/
#include "reg51.h"
void delay(unsigned int xms);              //延时子函数声明
/******************** 主函数 *****************************/
void main(void)
{unsigned char a[10] = {0xc0,0xf9,0xa4,0xb0,0x99,
                        0x92,0x82,0xf8,0x80,0x90};
  unsigned char k;
    while(1)
     {
      for(k=0;k<10;k++)                    //循环 10 次
       {
         P0=a[k];                          //将数组中第 k+1 个元素取出送到 P0 口
         delay(250);                       //调用延时
       }
     }
   }
 /********* 定义延时子函数,在主函数之后,因此在主函数之前要先声明 **********/
 void delay(unsigned int xms)              //延时子函数定义
 {
   unsigned int i,j;
   for(i=xms;i>0;i--)
       for(j=102;j>0;j--){;}
 }
```

3) 编译并生成目标文件,并将其加载到 Proteus 中绘制的硬件电路图中进行仿真,或者下载到单片机实物中进行调试,观察数码管的显示。

4) 知识拓展。

① 如果使用的是共阴极数码管,请问硬件连接和编程时要如何修改才能保证现象不变?

② 如果希望数码管上循环显示出 16 进制数的 16 个字符,程序要如何修改?

任务小结

数码管的显示其实与多个 LED 的显示原理相同,只不过是将多个 LED 按照一定形状摆放形成一个整体,而且摆放位置是固定的,因此有了相对固定的状态码。在后面编写程序时,可以把经常用到的程序段做成一个子函数或者一个头文件,从而形成一个相对固定的文件,在需要时直接调用即可。

4-3
LED 组成数码管仿真视频

4-4
单数码管显示 0~9 仿真视频

4-5
四个单独数码管显示公式仿真视频

任务 4.2 数码管显示 OFF

任务描述

设计单片机控制 4 个八段数码管显示字母 OFF,其中第一个数码管不显示,后面三个数码管分别显示 O（在数码管显示中，可以用 O 来替代）、F、F。

任务分析

硬件设计：任务 4.1 中介绍单片机控制单个数码管时可以使用
静态显示的方式进行硬件电路连接，编程方法也比较简单。而本任
务中要求使用 4 个数码管，如果还使用前文介绍的控制方式，即一个数码管对应一组 I/O，则
单片机的 32 位 I/O 要全部用于数码管显示。这种连接方法显然太过浪费资源，因此在这里要
介绍另外一种数码管显示的连接方法，即数码管的动态显示。

数码管的动态显示电路在实际应用中有很
多种接法，但共同点是将各位数码管的相同段
连在一起，构成一个公共的 8 位字段线（后文
称为段码控制端），与单片机的一个 8 位 I/O 口
相连，而每一位数码管的公共端（称为字位线，
也称为位选端）用单片机的另一个 I/O 口来控
制。如图 4-6 所示，三位数码管为共阳极连接，
在单片机的最小应用系统的基础上，用 P0 口作
为数码管的段码控制口（这里使用了芯片 74377，
其为单边输出公共使能 8 D 锁存器，编程时需要
给单片机 P2.6 和 WR 端相应信号，P0 口的段码
才可以输出到数码管的段码端），$P1.0 \sim P1.2$ 分
别与每位数码管的位选端相连。当输出 0 时，
对应的晶体管导通，相应的位选端有效（高电
平）；否则，位选端无效。

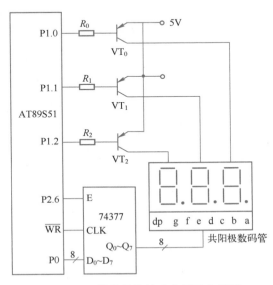

图 4-6　三位数码管的动态显示电路图

那么为什么这种连接方法称为动态显示方
式呢？动态显示就是一种按位轮流点亮各位数码管的显示方式：即在某一时段，只让其中一位
数码管位选端有效，并向与字段线相连的 I/O 口送出相应的字段码。此时，其他位的数码管因
位选端无效而处于熄灭状态；下一时段按顺序选通另外一位数码管，并送出相应的字型显示编
码，依此规律循环下去，即可使各位数码管分别间断地显示出相应的字符。动态显示也称作扫
描显示方式。

软件设计：本任务中硬件设计采用了数码管动态显示的方法，因此在软件设计时要遵循动
态显示的原理，即某个时间段只让一个数码管的位选端有效，同时将该数码管要显示的数字对
应的字段码从段码控制端输出，下个时间段换另外一个数码管。

需要注意的是：要想让人眼看到数码管上显示稳定的内容，则每个数码管占用的时间段不
能太长。人眼可以将按照一定频率快速闪烁的灯光看成连续稳定的点亮状态，而这个频率达到
50 Hz 左右时一般人看不出闪烁。本任务中有 4 个数码管，则最起码要求 20 ms 中内要让每个
数码管都点亮一次，因此每个数码管所占用的时间约为 5 ms。而在实际应用中，不同的器件以
及硬件连接都可能导致该时间的不同，需要编程人员根据实际效果进行调试，以达到最佳的视
觉效果。

任务实施

1）按照动态显示的方式，结合任务要求，本设计的仿真电路图如图4-7所示。

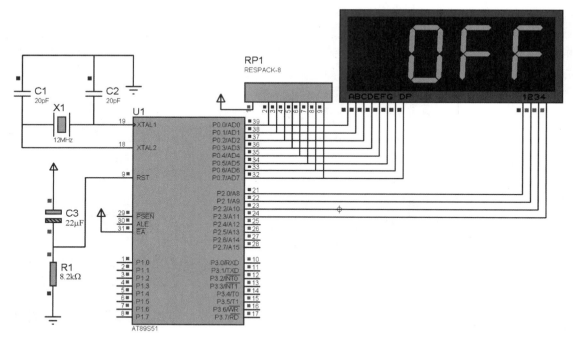

图4-7 四位共阴极数码管的动态显示仿真电路图

选择P0口作为段码控制端，P2.0、P2.1、P2.2、P2.3分别作为4个数码管的位选端，数码管选择共阴极四位一体的数码管。

 注：在应用中单片机的P口往往不是直接与数码管的位选端相连，而是要通过晶体管或非门等器件来增加P口的驱动能力后再控制数码管的位选端。图4-7给出的驱动方式主要用于Proteus软件的仿真。

2）按照任务要求编写程序。

前面分析到，数码管的动态显示就是要在编程的时候利用对数码管位选端的控制来选择点亮哪一位数码管，同时将该数码管上要显示的内容的字段码从段码端（P0口）输出。这里只需要控制四位数码管，因此可以将程序分为4段，每段控制一位数码管的点亮，然后依次执行，4段程序都执行一次代表每位数码管都点亮了一次。然后再次循环，当这个循环的频率高于50Hz时，就可以看到稳定的四位数码管的显示。

在这里单个数码管显示时间选择为2ms，则完成单次显示循环一次需要8ms，频率远远高于50Hz。其中主循环的参考流程图如图4-8所示。

参考流程图中四位数码管的显示采用顺序编程法，因为这种方法比较直观，易于初学者对程序的理解与修改。这段程序也可以用循环的方式来实现，请读者思考如何编写。

打开Keil软件，新建一个项目文件，命名为"4-2.uv2"。选择单片机型号为AT89C51，然后新建一个程序文件"4-2.c"，并将该程序文件添加到项目中。在新建的"4-2.c"文件中输入如下程序。

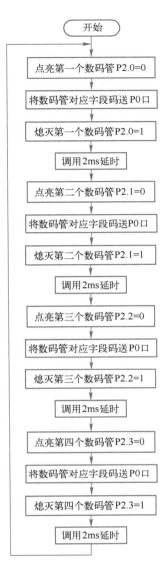

图 4-8　顺序动态扫描主循环的参考流程图

```
/*************************************************************
  标题:四位数码管动态扫描显示_c
  效果:四位数码管稳定显示 OFF。
  *************************************************************/
#include " reg51. h"
unsigned char a_code[ ] = {0x3f,0x06,0x5b,0x4f,0x66,0x6d,0x7d,0x07,
                  0x7f,0x6f,0x77,0x7b,0x39,0x5e,0x79,0x71,0x00};  //共阴极字段编码
unsigned char a_disp[ ] = {16,0,15,15};   //四位数码管的显示缓冲区
sbit WX1 = P2^0;                 //定义四位数码管的位选端
sbit WX2 = P2^1;
sbit WX3 = P2^2;
sbit WX4 = P2^3;
```

```
    void delay(unsigned int xms);              //延时子函数声明
/********************* 主函数 **********************/
    void main(void)
    {
        while(1)
        {
            WX1=0;                             //点亮第一个数码管
            P0=a_code[a_disp[0]];              //送第 1 个显示数字至 P0
            delay(2);                          //调用延时 2 ms
            WX1=1;                             //熄灭第一个数码管
            WX2=0;                             //点亮第二个数码管
            P0=a_code[a_disp[1]];              //送第 2 个显示数字至 P0
            delay(2);                          //调用延时 2 ms
            WX2=1;                             //熄灭第二个数码管
            WX3=0;                             //点亮第三个数码管
            P0=a_code[a_disp[2]];              //送第 3 个显示数字至 P0
            delay(2);                          //调用延时 2 ms
            WX3=1;                             //熄灭第三个数码管
            WX4=0;                             //点亮第四个数码管
            P0=a_code[a_disp[3]];              //送第 4 个显示数字至 P0
            delay(2);                          //调用延时 2 ms
            WX4=1;                             //熄灭第四个数码管
        }
    }
/******************** 定义延时子函数 **************************/
    void delay(unsigned int xms)
    {
      unsigned int i,j;
      for(i=xms;i>0;i--)
        for(j=102;j>0;j--);
    }
```

本程序在编写过程中将十六进制数的 16 个字符所对应的共阴极编码都按照顺序放到了数组 a_code 中，且将第一个数码管的全灭状态对应的编码 0x00 放在了数组的第 17 位上。因此要让四位数码管显示其他数字和字母状态，直接修改对应的显示缓冲区的数字即可。

需要注意的是：数组的下标从 0 开始，因此最后一个全灭状态对应的下标是 16。

3）编译并生成目标 HEX 文件并将其加载到 Proteus 中绘制的硬件电路图中进行仿真，或者下载到单片机实物中进行调试，观察 4 个数码管的显示。

4-7 四位一体数码管显示 OFF

4-8 四位一体数码管显示 1234

4）知识拓展。

① 如何让四位数码管显示一个简单的欢迎界面 HEy？

② 如果任务中要求 3 个字母依次向左缓慢移动，循环显示，请问程序可以如何修改？

任务小结

数码管动态扫描显示电路在实际连接时，有很多不同的接法，但是显示原理是一样的，各位读者可以根据实际情况和手边拥有器件进行设计。

任务 4.3　数码管显示变化的数字

4-9
四位数码管显
示变化的数字

任务描述

控制四位数码管按照一定规律显示变化的数字，其中后两位按照时间秒规律变化，前两位按照时间分规律变化，秒位达到 60 时，自身清零并给分位进位。

本任务的设置是为了拓展数码管动态扫描显示知识点的相关编程技巧，读者在学习的时候也可以跳过本任务直接学习下一个任务。

任务分析

硬件设计：采用任务 4.2 中使用的硬件电路。

软件设计：前面给读者留下了一个问题，就是如何利用循环的方式编写四位数码管的动态显示。这里将采用循环的方式编写四位数码管的动态显示程序段。

在任务 4.2 的基础上，这里主要有两个方面的变化：一是每个数码管都有内容显示；二是四位数码管显示的是按照一定规律变化的数字。实际上无论数码管显示的是固定的数字、字母还是变化的数字、字母，只需要在适合的时机修改对应的显示缓冲区内的值，然后调用显示程序段即可。因此这里将增加一个专门修改显示缓冲区内容的程序段，调用后就可以按照要求显示具体内容。

任务实施

1）本任务中的硬件电路图中仍然选择 P0 口作为数码管的段码输出端。数码管的位选端分别使用 P2.0、P2.1、P2.2、P2.3，如图 4-9 所示。

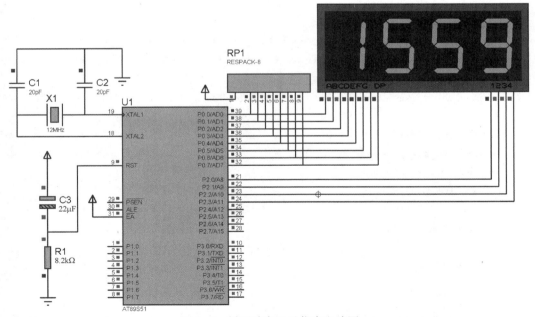

图 4-9　循环动态显示仿真电路图

2）运行 Proteus 软件，绘制设计好的电路图，或者用实物搭建出设计好的电路。

3）按照任务要求编写程序。

从前面的分析可以看出，本任务最主要要解决两个问题：一是利用循环的方法实现 4 个数码管的动态显示；二是编写修改显示缓冲区的程序段。

下面首先解决第一个问题，从图 4-8 所示的四位数码管动态显示程序参考流程图中可以看出，4 个程序段中变化的只有两个参数，分别为送到 P0 口的段码和有效的位选端。

因此在利用循环方式编写显示程序时，需要用两个变量来代替这两个参数，然后每执行完一次，要立刻对这两个参数进行修改，然后带入下次循环。如此循环 4 次后就可以完成 4 个数码管的动态显示，图 4-10 所示为参考流程图。

对于第二个问题：任务要求 4 位数码管按照分、秒进行变化，因此编程时可以利用条件判断的方式来进行，即每个循环进行动态扫描显示 125 次，大约需要 1 s 的时间，就可以调用一次修改显示缓冲区内容的子程序段（这里的 1 s 是采用大致估算的方式给出的：每执行一次动态显示，子程序段大约需要 4×2 ms＝8 ms，1 s 大约需要执行 125 次）。每执行一次修改缓冲区子程序段，就给第 4 个数码管缓冲区加 1，直到加到 10 时，给第 3 个数码管缓冲区加 1，第 4 位清零，直到第 3 位加到 6 时再向第 2 个数码管缓冲区进位，以此类推。

打开 Keil 软件，新建一个项目文件，命名为"4-3.uv2"。选择单片机型号为 AT89C51，然后新建一个程序文件"4-3.c"，并将该程序文件添加到项目中。在新建的"4-3.c"文件中输入如下程序。

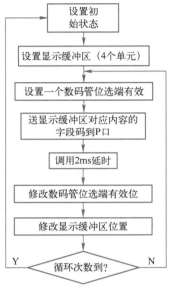

图 4-10 循环动态显示
编程参考流程图

```
/*******************************************************
标题:四位数码管动态扫描显示_c
效果:四位数码管分别显示分和秒,按大约1 s的时间进行进位,到59:59时清零。
*******************************************************/
#include "reg51.h"
unsigned char a_code[] = {0x3f,0x06,0x5b,0x4f,0x66,0x6d,0x7d,0x07,0x7f,0x6f,0x77,0x7b,0x39,
                0x5e,0x79,0x71,0x00,0x40,0x5c};          //共阴极字段编码
unsigned char a_disp[] = {0,0,0,0};                      //四位数码管的显示缓冲区
unsigned char a_wx[] = {0xfe,0xfd,0xfb,0xf7};            //定义四个数码管的位选端
void delay(unsigned int xms);             //延时子函数声明
void change4(void);                       //修改显示内容子函数声明
/********************* 主函数 *********************/
void main(void)
{
    unsigned char h,t;
    while(1)
      {
        for(h=125;h>0;h--)               //调用显示内容子函数125次,大约为1 s时间

            for(t=0;t<4;t++)             //用循环的方式扫描四位数码管
```

```
                    {
                        P2=a_wx[t];            //点亮第一个数码管
                        P0=a_code[a_disp[t]];  //将第一个要显示的数字的字段码送到 P0 口
                        delay(2);              //调用延时 2 ms
                    }
                }
            change4();                         //调用修改显示内容子函数
        }
}
/ ********************修改显示缓冲区 ****************************/
void change4(void)
{
    a_disp[3]++;                   //秒个位数据加 1
    if(a_disp[3]==10)              //秒个位是否加到 10?
        {
            a_disp[3]=0;           //秒个位赋值为 0
            a_disp[2]++;           //秒十位加 1
            if(a_disp[2]==6)       //秒十位加到 6?
            {
                a_disp[2]=0;       //秒十位赋值为 0
                a_disp[1]++;       //分个位加 1
                if(a_disp[1]==10)  //分个位加到 10?
                {
                    a_disp[1]=0;   //分个位赋值为 0
                    a_disp[0]++;   //分十位加 1
                    if(a_disp[0]==6)  //分十位加到 6?
                        { a_disp[0]=0;}  //分十位赋值为 0
                }
            }
        }
}
/ ********************定义延时子函数 ****************************/
void delay(unsigned int xms)
{
    unsigned int i,j;
    for(i=xms;i>0;i--)
        for(j=102;j>0;j--);
}
```

4) 编译并生成目标 HEX 文件, 并将其加载到 Proteus 中绘制的硬件电路图中进行仿真, 或者下载到单片机实物中进行调试, 观察 4 位数码管的显示。

5) 知识拓展。

① 如果数码管采用共阳极接法, 则需要如何修改程序?

② 请自行设计八位数码管的显示电路, 分别显示时:分:秒。

③ 请思考如何用一个按键实现本项目中两个显示状态的切换。

任务小结

本任务是用来说明程序运行时间的一个案例，读者可以从中感受到每一条语句执行时间虽然不长，但是执行次数的叠加仍然可以有秒、分等比较长的时间累积。在实际工作中，用单片机实现数字时钟电路通常不使用这种方式，而是采用后面将要学习的定时器中断。

任务 4.4　数码管显示变量的值

任务描述

利用四位数码管以十进制数的形式显示变量 ZS 的值，其中第四个数码管显示一个字符（可以任意设定），第三个显示变量的个位，第二个显示变量的十位，第一个显示变量的百位。这里的变量 ZS 的值在程序的开头直接赋值。

4-10
数码管显示一
个变量

任务分析

硬件设计：在这里仍然可以采用任务 4.2 中使用的硬件电路。

软件设计：在本次任务中，需要解决的问题就是如何将变量 ZS 值的个、十、百位上的数字分开，分别送到对应的数码管上进行显示。另外为了让程序更加具有可移植性，结构化更清晰，可以将用来进行四位数码管显示的程序段做成一个子函数，在需要的地方直接进行调用即可。

任务实施

1）任务中的硬件电路图在图 4-9 的基础上，稍做修改：仍然选择 P0 口作为数码管的段码输出端。数码管的位选端分别使用 P2.0、P2.1、P2.2、P2.3，但是位选段直接与单片机的 P 口相连，不再用晶体管驱动，这种电路图主要应用于程序的仿真，实物制作时还是需要考虑数码管的驱动，如图 4-11 所示。

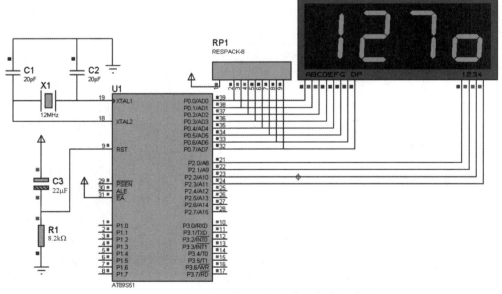

图 4-11　利用数码管显示变量值的仿真电路图

2）运行 Proteus 软件，绘制设计好的电路图，或者用实物搭建出设计好的电路。

3）按照任务要求编写程序。

从前面的分析可以看出，本任务最主要要解决两个问题：一是如何将变量 ZS 个、十、百位上的数字拆开，送到数码管对应的显示缓冲单元中；二是为了使程序具有更好的移植性，将显示程序段做成子函数的形式，这里采用分段的形式编写。

首先解决第一个问题。假设变量 ZS 的初值为 127，可以将变量除以 10，得到的余数 7 就是个位数，可以送到第三个数码管中进行显示。变量 ZS 除以 10 取余数可以用以下程序语句实现：a_disp[2]=ZS%10。这里的 a_disp[2] 就是第三个数码管的显示缓冲区，"%" 即为取余数符号，而 "/" 为除法以后取商的符号。取出变量十位数的程序语句为：a_disp[1]=ZS%100/10，即将变量 ZS=127 除以 100 以后取出余数 27，再将 27 除以 10 以后取商 2。

第二个问题可以参考下面的程序。

打开 Keil 软件，新建一个项目文件，命名为 "4-4.uv2"。选择单片机型号为 AT89C51，然后新建一个程序文件 "4-4.c"，并将该程序文件添加到项目中。在新建的 "4-4.c" 文件中输入如下程序。

```
/******************************************************
标题：  4 位数码管显示转速 ZS 变量_c
效果：  利用数码管显示变量 ZS 的值,本程序设置的初值为 127。
******************************************************/
#include "reg51.h"
unsigned char a_code[] = {0x3f,0x06,0x5b,0x4f,0x66,0x6d,0x7d,0x07, 0x7f,0x6f,0x77,
                          0x7c,0x39,0x5e,0x79, 0x71,0x00,0x5c};       //共阴极字段编码
unsigned chara_disp[] = {0,0,5,6};       //四位数码管的显示缓冲区
unsigned int ZS = 127;
sbit WX1 = P2^0;                         //定义四位数码管的位选端
sbit WX2 = P2^1;
 sbit WX3 = P2^2;
 sbit WX4 = P2^3;
 void delay(unsigned int xms);           //延时子函数声明
 void disp_data(unsigned int a);         //数据处理子函数声明
 void disp(void);                        //显示子函数声明
/****************** 主函数 ******************/
 void main(void)
   {   while(1)
       {disp_data(ZS);}   }
void disp_data(unsigned int r a)
 {a_disp[0]=a/100;                       //取最高位
   a_disp[1]=a%100/10;                   //显示转速十位值
   a_disp[2]=a%10;                       //显示转速个位值
   a_disp[3]=17;                         //最后一位显示一个单位
   disp();
   }
/****************** 定义显示子函数 ******************/
 void disp(void)
   {  WX1=0;                             //点亮第一个数码管
```

```
            P0=a_code[a_disp[0]];        //将第一个要显示的数字的字段码送到 P0 口
            delay(2);                    //调用延时 2ms
            WX1=1;                       //熄灭第一个数码管
            WX2=0;                       //点亮第二个数码管
            P0=a_code[a_disp[1]];        //将第二个要显示的数字的字段码送到 P0 口
            delay(2);                    //调用延时 2ms
            WX2=1;                       //熄灭第二个数码管
            WX3=0;                       //点亮第三个数码管
            P0=a_code[a_disp[2]];        //将第三个要显示的数字的字段码送到 P0 口
            delay(2);                    //调用延时 2ms
            WX3=1;                       //熄灭第三个数码管
            WX4=0;                       //点亮第四个数码管
            P0=a_code[a_disp[3]];        //将第四个要显示的数字的字段码送到 P0 口
            delay(2);                    //调用延时 2ms
            WX4=1;
       }
/********************定义延时子函数****************************/
void delay(unsigned int xms)
    {   unsigned int i,j;
        for(i=xms;i>0;i--)
            for(j=102;j>0;j--);
    }
```

4）编译并生成目标 HEX 文件，并将其加载到 Proteus 绘制的硬件电路图中进行仿真，或者下载到单片机实物中进行调试，观察四位数码管的显示。

5）知识拓展。

① 如果需要显示的变量是四位数，如何拆分数据的各位数据？

② 子函数在程序中的定义、调用、声明各有什么特点，哪些是必需的部分？

任务小结

完成任务以后，读者就可以将四位数码管的动态扫描程序打包成一个子函数，以后需要用其显示一个变量或者具体值时，就可以直接调用。

<table>
<tr><td>项目五</td><td>电动机速度测量系统设计与仿真</td></tr>
</table>

项目五　电动机速度测量系统设计与仿真

在工业生产中常常需要测量各种物体的转动速度，例如电动机的转速、汽车轮胎的转速等，转速测量仪就是用来测量各种物体转动速度的仪器，常用于电动机、电风扇、造纸、塑料、化纤、洗衣机、汽车、飞机、轮船等制造业。

利用不同原理制成的成品转速测量仪有很多种，可以直接在市场上购买到。其价格根据灵敏度、测量范围、使用环境等因素有很大的不同。其中，比较常见的转速测量仪利用霍尔式传感器、光电式传感器、磁电式传感器等进行速度信号的采集与处理。本项目要设计一个电动机速度测量系统，并完成系统的仿真与调试。

项目描述： 在很多场合，需要实时检测或者显示物体的转动速度。例如，对智能控制的小车的左右轮速度进行控制从而实现转向，或者生产线上通过调节电动机的速度来实现某些工艺要求。在本项目中要求对一个小型电动机的转动速度进行实时测量并显示出来，具体要求为：

1）系统启动状态：用四位数码管显示初始状态系统。

2）系统测量状态：四位数码管显示电动机当前转速，并进行判断。当测量的速度高于设定的转速上限时，超上限红灯点亮、蜂鸣器发声；当测量的速度低于所设定的转速下限时，黄灯点亮、蜂鸣器发声；当处于正常状态时，绿灯点亮，蜂鸣器不发声。

3）系统设置功能：增加上下限设置按键 K1～K3，可以方便地进行转速上下限的设置。第一次按下 K1 时，进入设置转速上限状态，数码管显示转速上限；第二次按下 K1，进入设置转速下限状态，数码管显示转速下限；第三次按下 K1，返回测量状态，数码管显示当前转速；在设置上下限状态下，K2 为数据加（+），K3 为数据减（－）。

5-1
项目功能及框图分析微课

项目实施： 项目要求设计一个小型速度检测系统，其中涉及速度信号的获取、数据的显示以及按键信号的输入以及状态报警等内容，按照信号的输入与输出方向，可以绘制出项目的模块结构图，如图 5-1 所示。

其中转速检测模块是进行转速信号采集及处理的模块，主要涉及传感器的选择以及转速信号的转换；按键设置模块则涉及单片机如何及时响应信号的输入即中断的概念；而声音报

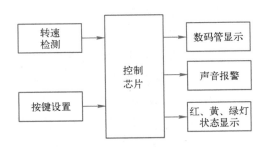

图 5-1　模块结构图

警模块以及红、黄、绿灯状态显示模块已在前面的项目中学习过，在这部分可以直接灵活应用。

任务5.1 转速信号的检测

速度表示物体运动的快慢程度，是一个矢量，有大小和方向。在进行速度测量时，多数情况下，只考虑速度的大小，即速率。后文提到的速度均指速率。速度有线速度、角速度等多种，本文以转动角速度即转速作为研究对象。一般物体的转速按照大小来分，大致有以下几类：超低速（0.10~2.00 r/min）、低速（0.5~500 r/min）、中高速（20~20000 r/min）、高速（500~200000 r/min）、超高速（500~600000 r/min）。测速范围作为速度测量的一个基本参数，直接关系到传感器及测量电路的选择，例如20~20000 r/min这一测速范围涵盖了低速、中高速，满足这一测速范围的传感器比较多；如果测速范围在20 r/min甚至0.1 r/min以下，这就是超低转速测量，普通的传感器和测速仪表就不能满足要求。

5.1.1 转速测量的基本概念

1. 转速测量相关参数

（1）被测物体的可测点几何形状　被测物体可测点几何形状及环境条件，往往是传感器和系统设计的最大制约因素。在实际应用中，要考虑被测转轴的实际情况，如光轴、带孔、带槽、带销、叶

5-2
速度与转速相关概念

片及是否带传动齿轮、传送带等。被测物体可测点几何形状及周边空间等情况，直接关系到选择传感器的种类及传感器的安装等问题。

例如有些微型电动机，被测转轴直径只几毫米，甚至只有端面露在外面，如何检测？再如被测物体转速属于超低速范围，而测量输出电流为毫安级，这就对传感器和测速仪提出比较高的要求。

（2）环境条件　被测点环境同样关系到传感器的选择及电路的特性。如果被测物体所在环境有强磁场，则要慎选霍尔式、磁电式等磁传感器；如果被测现场有化学污染，则要考虑传感器及电路的封装等问题；如果被测物体所在环境的温度为超低温或者高温范围，对传感器的温度系数要求就比较高。

（3）动态/静态时的显示、记录和控制　动态测量和静态测量关系到测量方法和瞬时转速的概念。静态测量选用的采样时间一般为0.5~2 s，超低转速时，可延时到60 s。动态测量选用的采样时间一般小于0.1 s，高速采样时，要求采样时间不超过0.01 s。

（4）误差、响应时间和输出控制形式等　在线测量有时作为观测手段，只需要显示，有时作为反馈，用于系统调节，有时用于报警控制。误差、响应时间和输出控制形式直接关系到测量目的能否达到。

2. 转速测量的分类及实现方案

转速测量中，根据传感器的安装方式不同，可分为接触式和非接触式测量；根据所选择的传感器不同，可分为磁电、光电、霍尔及磁敏等方式。

（1）接触式测量　接触式测量一般适用中、低转速的测量。传感器与被测转轴通过弹性联轴器连接或直接连接，如图5-2所示。测量时一般选用光电式、磁电式和霍尔式等传感器，一般测速范围在0~4000 r/min。速度较高时，可直接通过传感器获取脉冲信号并进行计数、显示；速度较低时，则可以通过特殊装置使传感器每转一圈输出60个或更大的脉冲数；当转速低于1 r/min时，可选用光电编码器，每周脉冲数可高达2000以上。传感器安装固定时，要求其轴与被测转轴尽量保持在同一条直线，在较高速时尤其严格。

（2）非接触式测量 当转速在6000 r/min以上时，接触式测量不能满足要求，一般要采用非接触式测量方式。非接触式测量常用的方法主要有下面几种。

1）盘式磁性测量。此种测量方式要在被测转轴上安装一个发讯盘，发讯盘的同心圆上均匀分布若干个孔、凹槽、磁钢或者齿轮，传感器可选用磁电式传感器或霍尔式传感器。其测量示意图如图5-3所示。

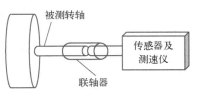

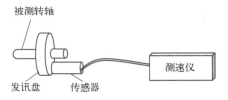

图5-2 接触式测量示意图　　　　　图5-3 盘式磁性测量示意图

在实际安装传感器时，若发讯盘上的孔、凹槽或齿较多（几十到100）时（发讯盘的材料为导磁材料），传感器的感应距离在1 mm左右；若孔、凹槽或齿较少或均匀分布2～8个磁钢时（发讯盘的材料可以是非导磁材料），传感器的感应距离可在2～6 mm。如果采用相应的接近开关，则感应距离可达4～6 mm。此种方案要求测量现场无磁场或磁场较弱。

2）光电测量。若工作现场含有电磁干扰，则不宜采用磁性测量，可采用光电测量。光电测量可分为遮断式（也称为直射式、透射式）光电测量和反射式光电测量。

① 遮断式光电测量。在遮光盘的同心圆上均匀分布若干个通光的孔或槽，光电发射器和光电传感器固定在遮光盘的两侧，如图5-4所示。当盘转动时，通过盘上的孔或槽来遮断或透过光线，传感器根据光的有无产生电脉冲信号。

② 反射式光电测量。如图5-5所示，在发讯盘上粘贴反光标签（或在光洁的轴上涂黑），然后通过光电式传感器来测量，测量距离为5～80 mm。如果被测转轴上不能安装发讯盘，可以直接在被测转轴上粘贴反光标签。注意反光标签在容易污损的环境下，需及时更换。

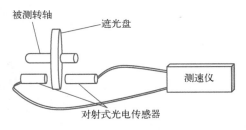

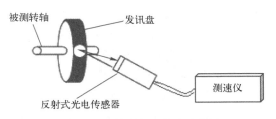

图5-4 遮断式光电测量示意图　　　　图5-5 反射式光电测量示意图

3）轴式磁性测量。当被测转轴本身就有孔或凹槽，或打一个凹坑、拧一个螺钉或者镶嵌磁钢较容易时，则可采用轴式磁性测量，其测量示意图如图5-6所示。轴式磁性测量中，要求轴或凸出的材料是导磁的钢铁，其感应距离为1 mm左右。测量范围为0～600000 r/min。在高速轴上打凹坑、拧螺钉、镶嵌磁钢时一定要考虑动平衡。

无论是哪一种测量方法，在选择传感器时，都要根据

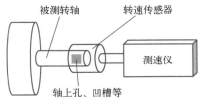

图5-6 轴式磁性测量示意图

其测速范围、感应对象、检测距离等因素进行选择。现将几种测速传感器列于表 5-1 中，供选择传感器时参考。

表 5-1 不同类型传感器测速范围

传 感 器	频率范围	感 应 对 象	检测距离/mm	应 用 场 合
磁敏传感器	0~10 kHz	铁、电工钢	0.5~1.5	速度、位移
磁电式传感器	50~5000 Hz	电工钢	0.5~1	速度
霍尔式传感器	0~10 kHz	磁铁	1~5	速度、位移
光电式传感器	0~10 kHz	自然光、红外光	1~15	速度、位置
接近开关	0~200 Hz	金属	1~5	速度、位移

5.1.2 接近传感器

接近传感器是一大类传感器，可代替限位开关等接触式检测仪器，无须接触检测对象，当传感器与检测对象距离小于某个数值时就会得到相应的信号。根据工作原理来分，常用接近传感器有电容式传感器、电感式传感器、霍尔式传感器、光电式传感器

5-3
电容式传感器

等。其中霍尔式传感器和光电式传感器将在后面单独介绍。这里仅对电容式传感器和电感式传感器进行介绍。

1. 电容式传感器

（1）电容式传感器的工作原理 电容式传感器是将被测量（如尺寸、位移、压力等）的变化转换成电容量变化的一种传感器。它的敏感部分就是具有可变参数的电容器。其最常用的形式是由两个平行电极板组成、极间以空气为介质。

由物理学可知，两个平行金属极板组成的电容器，如果不考虑其边缘效应，其电容为

$$C = \frac{\varepsilon S}{d} \tag{5-1}$$

式中 ε——两个极板间介质的介电常数；

S——两个极板相对有效面积；

d——两个极板的距离。

由此可知，改变电容 C 的方法有 3 种：改变介质的介电常数 ε、改变形成电容的有效面积 S、改变两个极板的距离 d。而通过这 3 种方法得到一个变化的电容值 ΔC，可以体现某种物理量的变化，因此制成了电容式传感器。电容式传感器可分为变极距型、变面积型、变介质型 3 类。

1）变极距型电容式传感器。变极距型电容式传感器是将被测量的变化转换成电容的两个极板之间的距离变化，一般用来测量微小的线位移或由于力、压力、振动等引起的极距变化。

如图 5-7 所示，当电容器受外力作用而极距减小时，电容量的相对变化量与极距的变化量成线性的关系。如果将电容式传感器制成差动式，其灵敏度将提高一倍。

2）变面积型电容式传感器。变面积型电容式传感器是保持极距和介电常数不变，改变两个电容极板之间的重合面积以改变电容量的传感器。变面积型电容式传感器一般用于测量角位移或较大的线位移，图 5-8 所示为其几种结构。

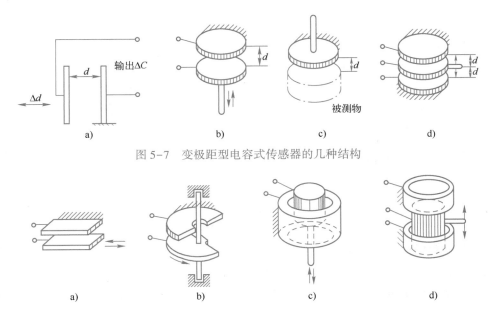

图 5-7　变极距型电容式传感器的几种结构

图 5-8　变面积型电容式传感器的几种结构

3）变介质型电容式传感器。变介质型电容式传感器是保持极距和面积不变，改变两个电容极板之间的介电常数以改变电容量的传感器。这种传感器常用于液位测量和各种介质的温度、密度、湿度的测定，图 5-9 所示为其几种结构。

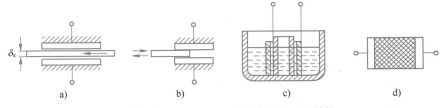

图 5-9　变介质型电容式传感器的几种结构

随着集成电路技术的发展，很多电容式传感器与微型测量仪表封装在一起。这种新型传感器能使分布电容的影响大为减小，使其固有的缺点得到克服。

（2）常用的电容式传感器　基于以上 3 种基本工作原理制成的电容式传感器种类非常多，其中使用较多的有用来对介电物质进行检测的电容式接近传感器、对液体液位进行检测的液位传感器、对空气湿度进行检测的湿度传感器以及对压力进行检测的压力传感器等。需要注意的是这些传感器的叫法并不是绝对的，很多情况下一个传感器可以用来检测多种物理量。

电容式接近传感器可用无接触的方式来检测任意一个物体：能检测金属物体，也能检测非金属物体；不管被检测物体的颜色和表面状态如何、是否透明，都可以可靠检测；具有灵敏度可调旋钮，对密闭的非金属容器内的液体、粉末等可进行间接检测。图 5-10 所示为 M12 金属柱式电容接近传感器。

电容式传感器也有模拟输出的形式，如图 5-11 所示为 KRS-A32 型液位计。它采用美国 Sailsors 公司射频电容技术和芯片及聚四氟乙烯做绝缘材料。如果将探杆和容器壁视做两块相互平行的电极板，被测液体视作它们之间的介质，就可以形成一个简单的电容。当液位上升时，电容量就会增大，射频电路将这一变化转换为模拟信号输出，可以用于酸类、碱类、氯化物、有机溶剂、液态 CO_2、氨水、PVC 粉料、灰料、油水界面、中药等液位测量。

图 5-10　M12 金属柱式电容接近传感器　　　　图 5-11　KRS-A32 型液位计

2. 电感式传感器

（1）电感式传感器的工作原理　电感式传感器利用电磁感应把被测量如位移、压力、流量、振动等转换成线圈的自感系数或互感系数的变化，再由电路转换为电压或电流的变化量输出，实现非电量到电量的转换。

电感式传感器一般可以分为自感型、互感型以及电涡流型 3 种。

1）自感型电感式传感器。自感型电感式传感器把被测量的变化转换成电感的自感系数（电感量）L 的变化，通过一定的转换电路转换成电压或电流输出。自感型电感式传感器由线圈、铁心和衔铁三部分组成，铁心与衔铁由硅钢片或坡莫合金等导磁材料制成。线圈的电感量可以近似表示为 $L = \dfrac{N^2 S \mu_0}{2\delta}$，其中 N 为线圈匝数，S 为气隙的截面积，δ 为气隙厚度、μ_0 为气隙的磁导率。

当铁心的结构和材料确定且线圈匝数 N 为常数时，S 和 δ 的变化均可导致电感量变化。如果 S 保持不变，则 L 为 δ 的单值函数，可构成变气隙型自感传感器；如果 δ 保持不变，使 S 随位移而变，则可构成变截面型自感传感器；如果在线圈中放入圆柱形衔铁，当衔铁上下移动时，自感量将相应变化，就构成了螺线管型自感传感器。

图 5-12 所示为变气隙型自感传感器。在使用时，将系统的运动部分与动铁心（衔铁）相连，当动铁心移动时，铁心与衔铁间的气隙厚度 δ 发生改变，引起磁路磁阻变化，导致线圈电感量发生改变，只要测量电感量的变化，就能确定动铁心的位移量的大小和方向。

图 5-13 所示为变截面型自感传感器。其使用方法与变气隙型自感传感器相同，将运动部分与衔铁相连，不同的是，其运动方向为上下运行，此时改变的将是铁心和衔铁之间的相对位置，即改变气隙面积 S。

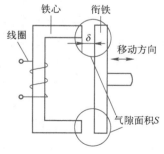

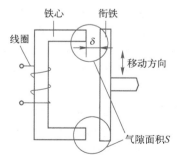

图 5-12　变气隙型自感传感器　　　　图 5-13　变截面型自感传感器

图 5-14 所示为螺线管型自感传感器。对于螺线管线圈有 $l \gg r$，当衔铁工作在螺线管中部时，可以认为线圈内磁场强度是均匀的，线圈电感量 L 与衔铁的插入深度 l_a 大致上成正比，即可以将运动的位移 x 的大小和方向通过电感量的变化体现出来。

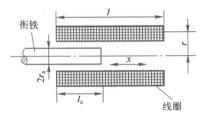

图 5-14 螺线管型电感传感器

这 3 种电感式传感器的线圈中通有交流励磁电流，故衔铁始终承受电磁吸力，会引起振动和附加误差，而且非线性误差较大。同时，外界的干扰、电源电压频率的变化、温度的变化都会使输出产生误差。因此在实际使用中，常采用两个相同的传感线圈共用一个衔铁，构成差动式自感传感器，两个线圈的电气参数和几何尺寸要求完全相同，如图 5-15 所示。

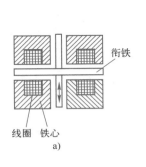
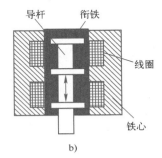
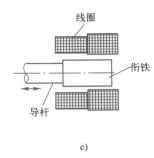

图 5-15 差动式自感传感器结构

这种结构除了可以改善线性、提高灵敏度外，对温度变化、电源频率变化等的影响也可以进行补偿，可以减小测量误差。

2）互感型电感式传感器。互感型电感式传感器是把被测的非电量变化转换为线圈互感量变化的传感器。这种传感器是根据变压器的基本原理制成的，把被测位移量转换为一次绕组与二次绕组间的互感量变化的装置。当一次绕组接入激励电源后，二次绕组将产生感应电动势，当两者间的互感量变化时，感应电动势也相应变化。由于两个二次绕组采用差动接法，该传感器又称为差动变压器式传感器，简称差动变压器。

差动变压器的结构由铁心、衔铁和线圈三部分组成，具体结构有变隙式、变面积式和螺线管式等。其结构虽有很多形式，但工作原理基本相同。图 5-16 所示为其结构示意图。

图 5-16a、b 两种结构的变隙式差动变压器，衔铁均为板形，灵敏度高，测量范围较窄，一般用于测量几微米到几百微米的机械位移。对于位移在 1 mm 至上百毫米的测量，常采用圆柱形衔铁的螺线管式差动变压器，如图 5-16c、d 的两种结构。图 5-16e、f 两种结构是测量转角的变面积式差动变压器，通常可测到几秒的微小角位移。

非电参量测量中，应用最多的是螺线管式差动变压器，它可以测量 1~100 mm 范围内的机械位移，并具有测量精度高、灵敏度高、结构简单、性能可靠等优点。

5-4
电涡流传感器

3）电涡流型电感式传感器。根据法拉第电磁感应定律，块状金属导体置于变化的磁场中，导体内将产生呈涡旋状的感应电流，称为电涡流或涡流，这种现象叫作涡流效应，如图 5-17 所示。

电涡流型电感式传感器是利用电涡流效应，将位移、温度等非电参量转换为阻抗或电感的变化从而进行非电参量测量的。

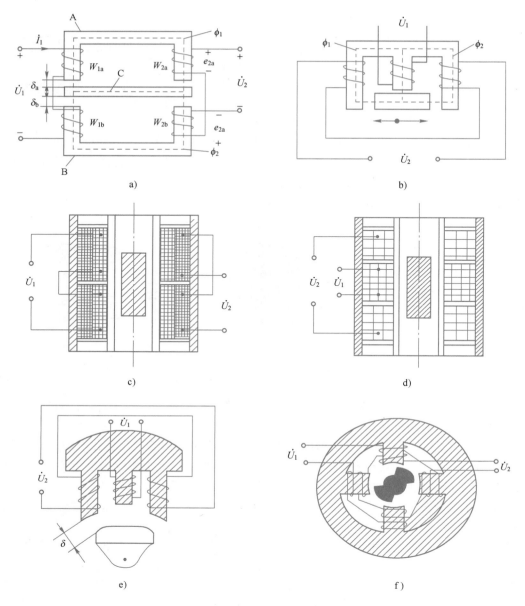

图 5-16　差动变压器结构示意图

电涡流型电感式传感器具有测量范围大、灵敏度高、结构简单、抗干扰能力强和可以非接触测量等优点，广泛应用于工业生产和科学研究。下面是几种常见的应用。

① 电磁炉。电磁炉是我们日常生活中必备的家用电器之一，电涡流型电感式传感器是其核心器件之一，高频电流通过励磁线圈，产生交变磁场，在铁质锅底会产生无数的电涡流，使锅底自行发热，加热锅内的食物。

② 电涡流探雷器。电涡流探雷器是利用探雷器辐射电磁场，使地雷的金属零件受激产生涡流，涡流电磁场又作用于探雷器的电子

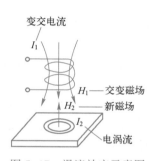

图 5-17　涡流效应示意图

系统，使之失去原来的平衡状态，或者通过探雷器的接收系统检测涡流电磁场信号，从而得知金属物体（地雷）的位置。

③ 电涡流式接近开关。接近开关又称无触点行程开关。它能在一定的距离（几毫米至几十毫米）内检测有无物体靠近。当物体接近到设定距离时，就可发出"动作"信号。接近开关的核心部分是"感辨头"，它对正在接近的物体有很高的感辨能力，图 5-18 所示为其常用电路。需要注意的是，这种接近开关只能检测金属。

图 5-18　电涡流式接近开关

④ 测定材料厚度。低频透射式涡流传感器多用于测定材料厚度。发射线圈 Q_1 和接收线圈 Q_2 分别放在被测材料的上下，低频电压 E_1 加到线圈 Q_1 的两端后，在周围空间产生一交变磁场，从而在被测材料中产生涡流 i。该涡流损耗了部分能量，使贯穿材料另一侧线圈 Q_2 的磁力线减少，则对应产生的感应电动势 E_2 减小。E_2 的大小与被测材料的厚度及性质有关。实验证明，E_2 随材料厚度 h 的增加按负指数规律减小，可以通过 E_2 的变化测得材料的厚度。

⑤ 位移测量。高频（>1 MHz）激励电流产生的高频磁场作用于金属板的表面，由于趋肤效应，在金属板表面将形成涡电流。与此同时，该涡流产生的交变磁场又反作用于线圈，引起线圈电感量 L 或阻抗 Z_L 的变化，其变化与距离 δ、金属板的电阻率 ρ、磁导率 μ、激励电流 i 及角频率 ω 等有关。若只改变距离 δ 而保持其他系数不变，则可将位移的变化转换为线圈电感量的变化，通过测量电路转换为电压输出。高频反射式涡流传感器多用于位移测量。

（2）常用的电感式传感器　从上文可知，电感式传感器的具体结构和形式非常多，应用的场合也多种多样，表 5-2 所示为一些常用的电感式传感器。

表 5-2　常用的电感式传感器

名称	M8 电感接近开关	M12 电感式传感器	电感浮球传感器	电涡流位移传感器
实物图				
型号	PR08-2DN	LJ12A3-4-Z	UHGG-31A-G	OD-Y911801

其中电感接近开关的种类特别多，不同厂家生产的电感接近开光的型号命名方式也不同，但是大体上都按照检测头的直径、信号输出方式以及是否埋入式来划分。

5.1.3　霍尔式传感器

霍尔式传感器是利用霍尔效应来实现磁电转换的一种传感器。霍尔效应是由美国物理学家霍尔（E. H. Hall）于 1879 年经过大量的实现总结出来的，但直到 20 世纪 50 年代，由于电子学的发展，才

5-5
霍尔传感器——
霍尔效应

被人们所重视和利用。我国从 20 世纪 70 年代开始研究霍尔元件，经过几十年的研究和发展，目前已能生产各种性能的霍尔元件。它利用磁场作为媒介，可以检测物体的微位移、加速度、转速、流量及角度等物理量，也可用于制作高斯计、电流表、功率计、接近开关和无刷直流电动机等设备，广泛应用于非电测量、自动控制、计算机装置、电磁检测及现代军车技术等领域。

1. 霍尔效应和工作原理

（1）霍尔效应　将置于磁场中的金属或半导体薄片通入电流时，在与磁场和电流都垂直的方向上将产生电动势，这种现象称为霍尔效应，该电动势称为霍尔电动势，金属或半导体薄片称为霍尔元件。

（2）工作原理　如图 5-19 所示，将厚度为 d 的 N 型半导体（多子为电子）置于磁感应强度为 B 的磁场中，在半导体的 a、b 两端通以电流 I，这时薄片中的电子将受到洛仑兹力 F_L 的作用而发生偏转，向 d 侧移动，相应地在 c 侧只剩下正电荷，此时在 cd 方向上将形成静电场 E_H，该电场对薄片中的电子将施加电场力 F_E，其方向与 F_L 相反。当 F_L 与 F_E 大小相等时，薄片中的电子不再偏移，达到了动态平衡。此时在

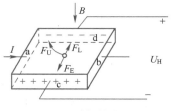

图 5-19　霍尔效应原理图

cd 方向上的电动势为霍尔电动势 e_H，相应电压为霍尔电压 U_H，其大小为（公式的详细推导请参阅其他书籍）

$$U_H = \frac{R_H I B}{d} \tag{5-2}$$

式中　R_H——霍尔常数；

　　　I——控制电流（A）；

　　　B——磁感应强度（T）；

　　　d——霍尔元件的厚度（m）。

由式（5-2）可知，霍尔电压的大小与控制电流 I、磁感应强度 B 成正比，与霍尔元件的厚度成反比。当电流方向改变时，霍尔电压的方向也随之改变。若施加的磁场为交变磁场，则霍尔电压为同频率的交变电压。目前常用的霍尔元件材料是硅（Si）、锑化铟（InSb）、砷化铟（InAs）、锗（Ge）、砷化镓（GaAs）等，其中硅是用得最多的材料，它的霍尔灵敏度、温度特性、线性度均较好。

2. 霍尔式传感器的测量电路

霍尔元件的电路符号和测量电路如图 5-20 所示。

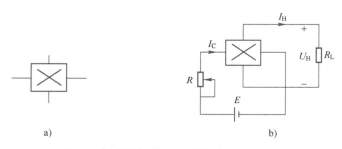

图 5-20　霍尔元件的电路符号及测量电路

a）霍尔元件的电路符号　b）霍尔元件的测量电路

控制电流由电源 E 供给，R 用来改变控制电流，R_L 为输出霍尔电压 U_H 的负载电阻，通常它是显示仪表或放大器的输入阻抗。

由于霍尔元件的输出电压与控制电流成正比，而其输入电阻 R_i 随温度而变化，从而影响测量的精度。在实际应用中，为了提高测量精度，通常采用恒压源或恒流源供电。

霍尔元件的输出电压一般较小，需要用放大电路放大其输出电压。为了获得较好的放大效果，通常采用差分放大电路，如图 5-21 所示。如果测量效果仍然不能满足要求的话，可以采用仪用放大器进行放大，从而提高测量精度，减小测量误差，电路如图 5-22 所示。

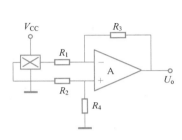

图 5-21　差分放大电路

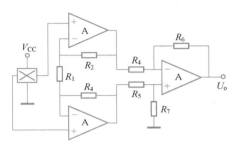

图 5-22　采用仪用放大器的放大电路

3. 霍尔集成传感器

随着微电子技术的发展，将霍尔元件、恒流源、放大电路等集成到一起就构成了霍尔集成传感器，它具有体积小、灵敏度高、输出幅度大、温漂小、对电源稳定性要求低等优点。目前，根据使用场合的不同，霍尔集成传感器主要有开关型和线性型两大类。

（1）霍尔线性集成传感器　霍尔线性集成传感器的输出电压与外加磁感应强度的大小成线性比例关系。为了提高测量精度，这类传感器主要由霍尔元件、恒流源电路、差分放大路等电路组成，图 5-23a 所示为其结构图。霍尔线性集成传感器根据输出端的不同分为单端输出和双端输出两种，用得较多的为单端输出型，典型产品有 UGN-3501 等，图 5-23b 为其特性曲线。

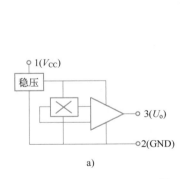

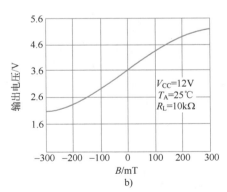

图 5-23　霍尔线性集成传感器

a）结构图　b）特性曲线

霍尔集成传感器常用于转速测量、机械设备限位开关、电流检测与控制、保安系统、位置及角度检测等场合。

表 5-3 所示为现在比较常用的线性集成传感器。

表 5-3 常用的线性集成传感器

型号	AH49E	HDC300BS	ACS-710	RB100 系列
实物图				
特点	集成电压传感器,将磁场转换成电压输出	集成电流传感器,将磁场转换成电流输出	集成电流传感器,用于电动机控制、电流检测等	无接触、绝对角度位置传感器

（2）霍尔开关集成传感器　霍尔开关集成传感器是将霍尔元件、稳压电路、放大器、施密特触发器、OC 门等在同一个芯片上集成而构成的。这种集成传感器一般对外为 3 只引脚,分别是电源、地及输出端。

目前,国内外霍尔开关集成传感器的型号很多,表 5-4 所示为常用的几款。

表 5-4 常用的霍尔开关集成传感器

型号	44E	HH-12NO（PO）10A	NJK-5002A	CHE/JS-10N11-H710
实物图				
名称	双极锁存霍尔开关	霍尔接近开关、测速传感器	三线制常开霍尔开关传感器	正反转霍尔式传感器

霍尔开关集成传感器常用于接近开关、速度检测及位置检测。霍尔式传感器进行速度检测时往往用于被测转轴上已经装有铁磁材料制造的齿轮,或者在非磁性盘上安装若干个磁钢,也可利用齿轮上的缺口或凹陷部分来实现检测。目前,用于测速的霍尔式传感器主要为霍尔开关集成传感器即霍尔接近开关。

A3144 型霍尔式传感器就是一个典型的霍尔开关集成传感器,可以用于转速的测量。它是由电压调整器、霍尔电压发生器、差分放大器、施密特触发器、温度补偿电路和集电极开路的输出级组成的传感电路,其输入为磁感应强度,输出是一个数字电压信号。其工作温度范围为-40~150℃。图 5-24 所示为其实物图。

图 5-24　A3144 实物图

一般情况 A3144 直接检测得到的信号虽然也是一个脉冲波,但是和处理器能够直接处理的 TTL 电平有区别,不能直接输入到处理器中,需要增加一些后续电路对波形进行处理。图 5-25 所示为比较常用的处理电路,得到的信号可以直接输入处理器中。

 注：霍尔式传感器也可以作为接近传感器使用。一般情况下：如果目标是金属的,那么需要一个电感式传感器；如果目标是塑料的、纸或（油基或水基）流体、颗粒或者粉末,那么需要一个电容式传感器；如果目标带有磁性,那么用霍尔式传感器比较合适。

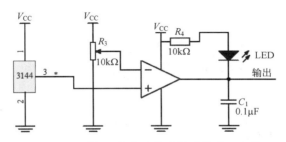

图 5-25　霍尔开关集成传感器后续处理电路

4. 霍尔式传感器测转速的安装方式

应用霍尔式传感器测量转速，安装的位置与被测物距离视安装方式而定，一般为几到十几毫米。图 5-26a 为在一个圆盘上安装一个磁钢，霍尔式传感器则安装在圆盘旋转时磁钢经过的地方。圆盘上磁钢的数目可以为 1、2、4、8 个等，均匀地分布在圆盘的一面。

图 5-26　霍尔式传感器安装示意图

图 5-26b 适用于原转轴上已经有磁性齿轮的场合，此时，工作磁钢固定在霍尔式传感器的背面（外壳上没有打标志的一面），当齿轮的齿顶经过传感器时，有较多的磁力线穿过传感器，霍尔式传感器输出导通；而当齿谷经过霍尔式传感器时，穿过传感器的磁力线较少，传感器输出截止，即每个齿经过传感器时产生一个脉冲信号。

5.1.4　磁电式传感器

在测量转速的过程中，若被测转轴上安装了由钢、铁、镍等金属或者合金材料制作的齿轮，除了可以用霍尔式传感器进行转速测量以外，也可以采用磁电式传感器测量转速，如汽车发动机的转速测量。

磁电式传感器是利用电磁感应原理将被测量（如振动、位移、转速等）转换成电信号的一种传感器。与霍尔式传感器和电感式传感器相比，它不需要辅助电源就能把被测对象的机械量转换成易于测量的电信号，属于自发传感器。另外，电路简单、性能稳定、输出阻抗小也是磁电式传感器的优点。

磁电式传感器和电感的相似点是都有线圈，不同的是：基于电磁感应的磁电式传感器磁路有永磁体，属于自发式传感器，它将被测量的变化转变成磁场的变化，最终转变成感应电动势的变化；而电感的磁路中没有永磁体，其将金属等导电物体的位置等相关量的变化转变成自感系数或互感系数的变化。

1. 磁电式传感器分类

根据电磁感应定律，当 N 匝线圈在恒定磁场内运动时，设穿过线圈的磁通为 $\varPhi$，则线圈内的感应电动势 e 与磁通变化率 $\mathrm{d}\varPhi/\mathrm{d}t$ 的关系为

$$e = -N\frac{\mathrm{d}\varPhi}{\mathrm{d}t}$$

根据改变穿过线圈内磁通的方法可以将磁电式传感器分成恒磁通式磁电传感器和变磁通式磁电传感器两大类。

（1）恒磁通式磁电传感器　恒磁通式磁电感应传感器工作气隙中的磁通恒定，感应电动势是由于永久磁铁与线圈之间有相对运动——线圈切割磁力线而产生。这类结构有动铁式和动圈式两种。

如图5-27所示为恒磁通式磁电传感器的两种结构。图5-27a为动铁式传感器，永久磁铁部分通过弹簧与外壳相连，线圈和框架部分与外壳为一体结构，当整个传感器的外壳、框架和线圈随着被测对象快速移动时，永久磁铁由于惯性作用会保持原来的位置，从而与线圈之间的相对位置发生了改变，导致线圈切割磁力线，最终产生感应电动势。而产生的感应电动势的大小与被测量的运动速度有直接的关系。

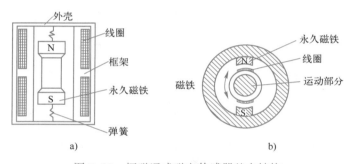

图5-27　恒磁通式磁电传感器基本结构

图5-27b为动圈式传感器。与动铁式传感器相反，当传感器随着被测对象移动时，移动的部分为外圈的永久磁铁部分，而由于惯性作用保持位置不变的是中间的线圈部分，但最终也是由于两者的相对移动导致了线圈切割磁力线从而产生了感应电动势。所产生的感应电动势的大小也与运动速度有直接关系。

（2）变磁通式磁电传感器　变磁通式磁电感应传感器一般做成转速传感器，产生感应电动势的频率作为输出，而电动势的频率取决于磁通变化的频率。变磁通式磁电传感器的结构有开磁路和闭磁路两种。

图5-28a所示为开磁路式变磁通磁电传感器工作原理示意图。线圈、磁铁静止不动，测量齿轮安装在被测旋转体上，随之一起转动。当齿轮齿顶对准线圈时，有较多的磁力线穿过线圈；而当齿谷对准线圈时，则穿过线圈的磁力线较少，这样齿轮每转动一个齿，齿的凹凸引起磁路磁阻变化一次，磁通也就变化一次，线圈中产生感应电动势的大小也随之改变，其幅度与转速有关，转速越高输出电压越高（图5-28b中的0～a段），输出频率与转速成正比。转速进一步增高，磁路损耗增大，输出电动势已趋饱和（a～b段），当转速超过b，磁路损耗加剧，电动势锐减。

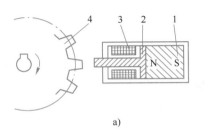 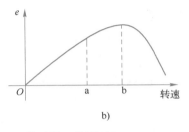

图 5-28　开磁路式变磁通磁电传感器工作原理

a) 工作原理示意图　b) 磁电传感器频响特性

1—永久磁铁　2—软磁铁　3—线圈　4—旋转齿轮

若齿轮齿数为 z，转速为 n，则线圈中感应电动势的频率 f 为

$$f=\frac{nz}{60}(\text{r/min})$$

若齿轮的齿数 $z=60$，则 $f=n$，可见，只要测量频率 f，即可得到转速。

图 5-29 所示为闭磁路式变磁通磁电传感器结构。内、外齿轮的齿数相同，当转轴联结到被测轴上两者一起转动时，内、外齿轮的相对运动使磁路气隙发生变化，因而磁阻发生变化并使贯穿于线圈的磁通量变化，在线圈中感应出电动势。与开磁路情况相同，也可通过感应电动势的频率测量转速。

需要注意的是：磁电式传感器的输出电动势大小取决于线圈中磁场变化速度，因而它是与被测速度成一定比例关系的。当转速太低时，输出电动势很小，以致无法测量。所以这种传感器有一个下限工作频率，一般为 50 Hz 左右，闭磁路传感器的下限频率可降低到 30 Hz 左右。

磁电式传感器具有体积小、结实可靠、寿命长、不需电源和润滑油等优点，可在烟雾、油气、水气等恶劣环境中使用。磁电式传感器技术已经成熟，这类传感器较多，如 SM-16、LZZS-60、OD9001 及 NE6100 等。图 5-30 所示为 SM-16 磁电式传感器的外形图，能将角位移转换成电信号供计数器计数，只要非接触就能测量各种导磁材料如齿轮、叶轮、带孔（或槽、螺钉）圆盘的转速及线速度。

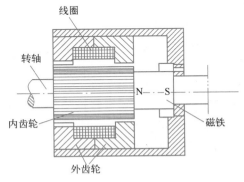 

图 5-29　闭磁路式变磁通磁电传感器　　　　图 5-30　SM-16 磁电式传感器

2. 测速电路原理

利用磁电式转速测量仪测速可以采用纯数字电路来实现，也可以采用单片机配合少量的外围电路来实现。利用 51 单片机内部的定时/计数器对传感器输出的信号进行计数，若采用

12 MHz 晶振，其计数的最高频率可达 50000 Hz，即测量的转速可达 50000 r/min（设测速齿轮有 60 个齿），完全满足系统要求。

图 5-31 所示为以 SM-16 磁电式传感器为测速传感器的磁电转速测量的信号处理电路，由低通滤波、限幅、放大、整形等电路组成。其中 R_1、R_2、C_1 构成低通滤波器，滤除高次谐波、杂波信号等；VD_1、VD_2 对输入信号进行双向限幅，以保护 LF351 的输入级电路；由 LF351 及相关元件组成的高输入阻抗放大器，将输入信号放大到足够的幅度；LF351 输出的信号经 R_4、R_5、VZ 进行单向限幅，并经 74LS04 反向（起到整形作用），得到标准的 TTL 电平脉冲信号，就可以送到单片机电路中进行控制处理。

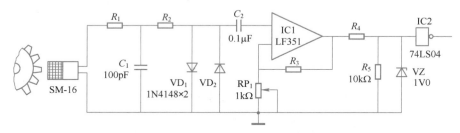

图 5-31　SM-16 磁电转速测量的信号处理电路

任务 5.2　按键设置模块设计与仿真

根据项目要求，要为系统增加上下限设置按键 K1~K3，可以方便地进行转速上下限的设置：第一次按下 K1 时，进入设置转速上限状态，数码管显示转速上限；第二次按下 K1，进入设置转速下限状态，数码管显示转速下限；第三次按下 K1，返回测量状态，数码管显示当前转速；在设置上下限状态下，K2 为数据加（＋），K3 为数据减（－）。

从任务要求中可以看出，需要为系统设置 3 个按钮，并且每个按钮执行不同功能，因此首先学会如何为单片机读入按键信号，然后再熟悉多个按键的信号读入以及根据按键信号来选择执行不同的程序段。

5.2.1　按键与键盘接口

键盘是单片机应用系统的重要组成部分，键盘主要用来实现人机交互，通过键盘向系统输入运行参数、控制和查询系统的运行状态。键盘分为编码键盘和非编码键盘。编码键盘采用硬件电路实现键盘编码，内部有消抖电路，这种键盘硬件电路复杂，成本较高，

5-7
按钮电路基本知识

在单片机应用系统中较少采用。非编码键盘仅提供按键的工作状态，按键的编码和功能都由软件实现，硬件电路简单，可以根据实际需要确定按键的数量，在单片机应用系统中广泛使用。本书通过独立式按键和矩阵式键盘两种来介绍非编码键盘与单片机的接口。

1. 独立式按键及其接口电路

独立式按键就是每一个按键的状态都用一位 I/O 来检测，并且任一按键的状态都不影响其他按键的工作状态。独立式按键电路配置灵活，软件结构简单，由于每个按键都直接与 I/O 口连接，一般适用于按键数量较少的场合，图 5-32 所示为 3 个按键的独立式按键接口电路。图 5-32a 的接法中，当开关为"打开"状态时，单片机端口上得到高电平（"1"）；当开关"闭合"时，单片机端口将和地直接相连，其上将获得低电平（"0"）。而图 5-32b 的接法中，

当开关为"打开"状态时，单片机端口上获得低电平（"0"）；当开关"闭合"时，单片机端口将和地直接相连，其上将得到高电平（"1"）。

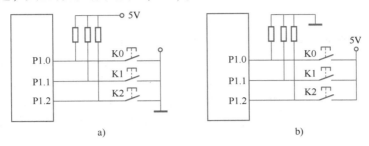

图 5-32　独立式按键接口电路

在对按键开关电路进行软件编程时，还有一个问题不得不注意，那就是消除抖动问题。

2. 按键开关消抖问题

按键的操作过程是将按键的状态转换成电平信号的过程，这个过程是通过机械触点的合、断实现的。由于机械触点的弹性作用，在闭合和断开瞬间都会出现抖动，如图 5-33 所示。

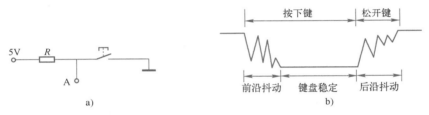

图 5-33　键操作和键抖动
a）键操作　b）键抖动

抖动的时间与触点的材料和机械特性有关，一般为 5~10 ms，由于单片机的机械周期一般为 1~2 μs，因此抖动现象会引起单片机 CPU 对一次键操作进行多次处理，从而可能产生错误。

目前消除抖动不良后果的方法一般有两种：

（1）硬件消抖　图 5-34 所示为几种常见的硬件消抖电路，其中 RC 滤波电路消抖电路简单实用，效果较好。但是硬件消抖的方法需要增加不少器件，除了元件成本上升以外，部分控制电路由于电路板面积的限制，也不允许使用硬件消抖。因此在没有特别要求的情况下，可以使用软件消抖的方法。

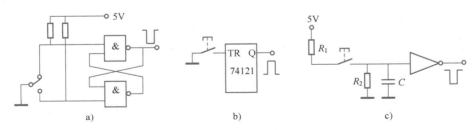

图 5-34　硬件消抖电路
a）双稳态消抖电路　b）单稳态消抖电路　c）滤波消抖电路

（2）软件消抖　软件消抖一般采用软件延时的方法实现。由于按键的抖动时间小于 10 ms，在第一次检测到按键按下时，并不立即处理，而是先调用一个 10 ms 左右的延时程序，然后再确认按键是否按下，只有再次确认按键按下才执行按键的功能，从而消除键抖动的影响。

3. 矩阵式键盘及其接口电路

矩阵式键盘又称为行列式键盘，其结构如图 5-35 所示，图中为一个 4×4 矩阵式键盘，共有 16 个按键，但占用的 I/O 口线只有 8 根，适合按键较多的场合。矩阵式键盘的工作思路为：用一部分 I/O 口作为行线，另一部分 I/O 口作为列线，在每个行线和列线的交叉点放置一个按键，当某个按键按下时，则对应的行线和列线短路，CPU 通过检测是否有行线和列线短路就可以确定是否有键按下，并确定是哪个键按下，在没有按键按下时，行线和列线都被电阻上拉为高。

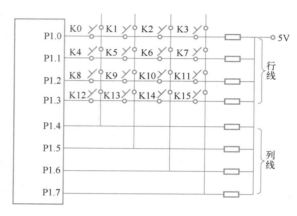

图 5-35 矩阵式键盘的结构

矩阵式键盘的扫描过程分三步：

第一步，将行线作为输出线，列线作为输入线，所有行线输出 0，读列线。如果没有按键按下，读进来的都是 1，即表 5-5 中 r7~r4 的读回值均为 1；如果有键按下，则对应的列线读回值为 0，其余输出为 1。据此可以判断是否有按键按下。

表 5-5 矩阵式键盘扫描第一步——行线输出、读列线

端口	P1.7	P1.6	P1.5	P1.4	P1.3	P1.2	P1.1	P1.0
读回值	r7	r6	r5	r4	X	X	X	X
说明	列线有效				行线无效			

第二步，将列线作为输出线，行线为输入线，所有列线输出 0，读行线。见表 5-6，读回来的值中高 4 位（列线值）无效，低 4 位 r3~r0 为行线读回值，根据是否有按键按下，分别为 0 或者 1。

表 5-6 矩阵式键盘扫描第二步——列线输出、读行线

端口	P1.7	P1.6	P1.5	P1.4	P1.3	P1.2	P1.1	P1.0
读回值	X	X	X	X	r3	r2	r1	r0
说明	列线无效				行线有效			

第三步，将前面两步读回来的行线和列线的有效数据综合起来得到一个 8 位数。

假如两次读取后的 r4、r0 为 0，其余各位为 1，见表 5-7，则对应于 P1.4 的列线和对应于 P1.0 的行线交叉位置的按键 K0 被按下，即 "0" 号按键被按下，这时 8 位数的值为 0xEE。依此类推，通过判断 8 位数的值即可确定是哪个按键按下。8 位数的数值与键号的对应关系见表 5-8。

表 5-7　矩阵式键盘扫描第三步——取有效数据

端口	P1.7	P1.6	P1.5	P1.4	P1.3	P1.2	P1.1	P1.0
有效数据	r7	r6	r5	r4	r3	r2	r1	r0
举例	1	1	1	0	1	1	1	0

表 5-8　矩阵式键盘扫描读回值与键号的对应关系

数值	0xEE	0xDE	0xBE	0x7E	0xED	0xDD	0xBD	0x7D
键号	0	1	2	3	4	5	6	7
数值	0xEBH	0xDB	0xBB	0x7B	0xE7	0xD7	0xB7	0x77
键号	8	9	A	B	C	D	E	F

4. 按键和键盘扫描控制方式

不管是按键还是键盘，信号的传递最终都需要在程序控制下，让单片机的 CPU 在某些时候读取与按键相连的 I/O 的值才能够完成。而程序控制这个读取时间的方式主要有以下 3 种：

（1）程序控制扫描方式　读取按键的键处理程序固定在主程序的某个程序段，在每个主程序执行的循环里进行扫描。

特点：对 CPU 工作影响小，但应考虑键盘处理程序的运行间隔周期不能太长，否则会影响对键输入响应的即时性，即单片机的主程序循环一次时间不能太长。

（2）定时控制扫描方式　利用定时/计数器每隔一段时间产生定时中断，CPU 响应中断后对键盘进行扫描。

特点：与程序控制扫描方式的区别是，在扫描间隔时间内，前者用 CPU 工作程序填充，后者用定时/计数器定时控制。定时控制扫描方式也应考虑定时时间不能太长，否则会影响对按键输入响应的即时性。

（3）中断控制方式　中断控制方式是利用外部中断源，当有键按下时产生中断请求，在中断服务程序中处理键盘程序，在没有键操作时，CPU 执行正常程序，只在有键操作时才处理键盘程序，提高了 CPU 的运行效率。

特点：克服了前两种控制方式可能产生的空扫描和不能立即响应键输入的缺点，提高了 CPU 运行效率，但要占用一个宝贵的外部中断资源。

5. 按键和键盘扫描实例

【例 5-1】按图 5-32a、b 的三按键电路，试编写对应的按键扫描子程序。

解：按图 5-32a 编程如下。

```
void key(void)
    {unsigned char keyin,i;        //定义变量
    P1 = 0x07;                     //置 P1 口为输入态
    keyin = (~P1)&0x07;            //取反后屏蔽高 5 位
```

```
    if(keyin!=0)                    //判断是否有按键按下
      {
      delayms(10);                  //延时10ms消动
      keyin=(~P1)&0x07;             //再次读入、取反、屏蔽高5位
      if(keyin!=0)                  //仍然有按键按下
        {
        switch(keyin)              //判断处理后的按键值
          {case 1:work1();break;   //第一个按键按下,执行函数work1()后退出
           case 2:work2();break;   //第二个按键按下,执行函数work2()后退出
           case 4:work3();break;   //第三个键按下,执行函数work3()后退出
           default:break;          //否则,直接退出
           }
          }
        }
      }
```

按图 5-32b 编程如下。

```
    void key(void)
      { unsigned char keyin,i;        //定义变量
        P1=0x07;                      //置P1口为输入态
        keyin=P1&0x07;                //屏蔽高5位
        if(keyin!=0)                  //判断是否有按键按下
          {
          delayms(10);                //延时10ms消动
          keyin=P1&0x07;              //再次读入、屏蔽高5位
          if(keyin!=0)                //仍然有按键按下
            {
            switch(keyin)            //判断处理后的按键值
              {case 1:work1();break; //第一个按键按下,执行函数work1()后退出
               case 2:work2();break; //第二个按键按下,执行函数work2()后退出
               case 4:work3();break; //第三个按键按下,执行函数work3()后退出
               default:break;        //否则,直接退出
               }
              }
            }
          }
```

【例 5-2】 按图 5-35 所示结构,试编写矩阵式键盘扫描程序。

解: 编程如下。

```
    unsigned char key(void)
      {
      unsigned char hang,lie;
      P1=0xf0;                        //行线置0,列线置输入态
      if(P1!=0xf0)                    //如果读回来的数据不为f0,则说明有按键按下
```

```
        delayms(5);                    //延时10ms
    if(P1!=0xf0)                        //再次读 P1 并判断是否有键按下？
    {
        switch((~P1)&0xf0)             //取反后屏蔽按键低 4 位
        {
        case 0x10:lie=10;break;        //等于 0x10,则第一列有按键按下
        case 0x20:lie=20;break;        //等于 0x20,则第二列有按键按下
        case 0x40:lie=30;break;        //等于 0x40,则第三列有按键按下
        case 0x80:lie=40;break;        //等于 0x80,则第四列有按键按下
        }
        P1=0x0f;                       //列线置 0,行线置输入态
        switch((~P1)&0x0f)             //取反后屏蔽按键高 4 位
        {
        case 1:hang=0;break;           //等于 0x01,则第一行有按键按下
        case 2:hang=1;break;           //等于 0x02,则第二行有按键按下
        case 4:hang=2;break;           //等于 0x04,则第三行有按键按下
        case 8:hang=3;break;           //等于 0x08,则第四行有按键按下
        }
        P1=0xf0;
        while(P1!=0xf0);               //等待按键松开
        return (lie+hang+1);           //返回按键号,其中十位为列号,个位为行号
    }
    return 0;
}
```

然后就可以通过对函数的返回值进行判断具体执行哪个程序。

5.2.2　中断的基本概念

1. 什么是中断

中断是指 CPU 正在处理某件事时，外部发生了某一事件（如定时器溢出），请求 CPU 迅速处理，CPU 暂时中断当前的工作，转入处理所发生的事件，处理完毕，再回到原来中断的地方，继续原来的工作，如图 5-36 所示。实现这种功能的部件称为中断系统，产生中断请求的模块称为中断源。51 系列单片机中一共提供了 5 个中断源，包括外部中断 2 个、内部定时/计数器中断 2 个以及串行口通信 1 个。

单片机的 CPU 暂时中断当前工作，转而处理中断事件的过程称为中断服务程序调用，其与一般程序中使用的子程序段调用有很大的区别，主要体现在：

一般子程序段的调用是程序中预先安排好的，在程序中写有调用子程序段的命令或者语句。而中断是随机发生的，当中断事件发生后，CPU 自动停止正在运行的程序，保护好现场数据，转去执行中断服务程序。

图 5-36　中断调用过程

2. 与中断系统有关的 SFR

需要注意的是，51 系列单片机虽然提供了 5 个中断源，但是在单片机复位后通常是关闭、无效的。读者在需要使用某个中断源时，在主程序中必须对相应的中断控制寄存器进行设置，即中断的初始化。中断初始化主要包括对中断允许控制寄存器 IE、中断优先控制寄存器 IP、定时/计数器控制寄存器 TCON、串行口控制寄存器 SCON 等进行设置，这里只介绍前 3 种。这些寄存器都是单片机内部 RAM 的一部分，都属于内部特殊功能寄存器（SFR）。在编程时可以用使用程序语句对这些寄存器的各位进行设置或随系统的工作状态自行改变。

1）中断允许控制寄存器 IE（A8H），可按位操作。

见表 5-9，中断允许控制寄存器 IE 是用来设置单片机各中断源中断功能的开启与关闭状态，包含一个总中断允许开关以及每个中断源分别对应的一个中断允许开关。在编程使用某个中断时，需要同时将总开关和对应的分项开关都打开。具体对应每一位说明如下：

表 5-9　中断允许控制寄存器 IE

位名称	EA		ES	ET1	EX1	ET0	EX0
位地址	AFH		ACH	ABH	AAH	A9H	A8H

EA：所有中断的总控制位，为"1"时允许中断，为"0"时关闭。

ES：串行口中断允许位，为"1"时允许中断，为"0"时关闭。

ET1：定时/计数器 1 中断允许位，为"1"时允许中断，为"0"时关闭。

EX1：外部中断 1 中断允许位，为"1"时允许中断，为"0"时关闭。

ET0：定时/计数器 0 中断允许位，为"1"时允许中断，为"0"时关闭。

EX0：外部中断 0 中断允许位，为"1"时允许中断，为"0"时关闭。

2）中断优先级控制寄存器 IP（B8H），可按位操作。

见表 5-10，设置相应位可以改变该中断的优先级，MCS-51 中断系统只有两级优先级，若某一中断源对应优先级为"1"，则为高优先级，若为"0"，则为低优先级。而在同优先级内中断的优先顺序从高到低为：外部中断 0、定时器 0、外部中断 1、定时器 1、串行口。

低级中断可以被高级中断所打断。

表 5-10　中断优先级控制寄存器 IP

位名称	高三位 未定义	PS	PT1	PX1	PT0	PX0
位地址		BCH	BBH	BAH	B9H	B8H
说明		串行口	定时器 1	外部中断 1	定时器 0	外部中断 1

3）定时/计数器控制寄存器 TCON（88H），可按位操作。

见表 5-11，该控制寄存器主要用来选择各个中断源的中断方式以及中断标志位，其中高 4 位对应定时/计数器中断，低 4 位对应外部中断。下面是低 4 位的具体功能。

表 5-11　定时/计数器控制寄存器 TCON

位名称	TF1	TR1	TF0	TR0	IE1	IT1	IE0	IT0
位地址	8FH	8EH	8DH	8CH	8BH	8AH	89H	88H

① IT0：外部中断 0 的中断方式选择位，当 IT0 = 0 时为低电平触发，IT0 = 1 时为边沿触发。

② IE0：外部中断 0 的标志位，当有外部中断请求被检测到时，由硬件自动置 "1"，在执行完中断服务程序后，自动清除为 "0"。软件可以对该位进行查询，判断是否有中断请求。

③ IT1：外部中断 1 的中断方式选择位，当 IT1＝0 时为低电平触发，IT0＝0 时为边沿触发。

④ IE1：外部中断 1 的标志位，当有外部中断请求被检测到时，由硬件自动置 "1"，在执行完中断服务程序后，自动清除为 "0"。软件可以对该位进行查询，判断是否有中断请求。

该控制寄存器的高 4 位具体功能将在定时/计数器的基本概念部分介绍。

3. 中断的处理过程

中断的处理过程包括：中断请求、中断响应、中断服务和中断返回。

（1）中断请求　当某个中断源要求 CPU 服务时，必须发出中断请求信号。内部中断源和外部中断源请求的方式不同。

若是两个外部中断源，需要将中断请求信号以高、低电位的变化加到该中断源的外部引脚上，通常情况下外部引脚为高电平，当中断发生时变为低电平，从而向 CPU 发送中断请求。

对于内部中断源，定时器对机器周期计数的计数器溢出时向 CPU 发送中断请求；串行口每发送完一帧数据时向 CPU 发送中断请求。

（2）中断响应　有了中断请求，CPU 也不一定会响应该中断，要响应中断还必须满足以下条件。

1）该中断已"开中断"：即在编程时对中断允许控制寄存器 IE 进行了相应设置。

2）此时 CPU 没有响应同级或更高级中断。

3）当前正处在所执行指令的最后一个机器周期。

4）正在执行的指令不是 RETI 或是访问 IE、IP 的指令。

满足上述条件 CPU 就会响应该中断，即转去执行相应的中断服务程序。实际上在此之前，CPU 还要自动执行以下 4 项操作：

1）保护断点地址，将断点地址压入堆栈。

2）撤销该中断源的中断请求标志（串行口除外）。

3）关闭同级中断。

4）将该中断源的入口地址（即中断服务程序段的首地址）送入 PC。

执行以上 4 项操作后就进入执行中断服务程序。

　注：中断入口地址在利用不同的语言编程时，提供的方式不同，表 5-12 所示为 51 单片机提供的 5 个中断源对应的中断地址和中断号。

表 5-12　各中断源对应入口地址和中断号

中　断　源	入　口　地　址	中　断　号	说　　　明
外部中断 0	0003H	0	来自 P3.2（IT0）的外部中断请求
定时/计数器 0	000BH	1	定时/计数器 T0 的溢出中断请求
外部中断 1	0013H	2	来自 P3.3（IT1）的外部中断请求
定时/计数器 1	001BH	3	定时/计数器 T1 的溢出中断请求
串行口	0023H	4	串行口完成一帧数据的发送或接收中断

利用 C51 语言编程时只需要在中断服务子函数定义时标上对应的中断号即可。C51 语言中编写中断服务子函数时的一般格式为

函数类型　函数名(参数)　**interrupt** 中断号 ［**using** 寄存器组号］

例如：void key(void) interrupt 0

（3）中断服务子程序

1）保护现场：将在中断服务程序中可能涉及单元的内容保护起来（前提是这些单元是返回到主程序后不希望被改变的单元），如果没有，则可跳过。

2）中断服务程序主体：希望在中断服务中执行的程序段。

3）恢复现场：与保护现场相对应，即恢复相应单元的内容。

注意：在 C51 程序中，中断服务子程序中只需要编写中断服务程序主体，保护现场和恢复现场由 CPU 自动完成。

（4）中断返回　中断服务内容完成，现场恢复，就可以回到原来被打断的地方继续运行。这个过程通过执行 RETI 指令（汇编语言编程时）或者函数返回（C51 语言编程）时自动完成，主要做下面两项工作。

1）恢复断点地址。将响应中断时压入堆栈的断点地址弹出，送入 PC。

2）开放同级中断。

4. 外部中断的应用

单片机提供了两个外部中断源，对应信号分别从 P3.2 口和 P3.3 口输入。当不需要使用这两个中断源时，单片机的这两个端口和其他可编程 I/O 口一样，可以由编程用户任意分配。当需要使用外部中断源时，则必须"专脚专用"。前文提到过，外部中断响应是由单片机自动完成的，产生中断的时间不是由用户的程序控制，而是由这两个引脚上的电平变化控制。

1）IT0＝0（设置的中断方式为低电平中断触发）：当外部中断引脚 P3.2（外部中断 0 对应信号输入引脚）为低电平时，置中断标志 IE0 为"1"；当外部中断引脚 P3.2 为高电平时，清"0"中断标志 IE0。

2）IT0＝1（设置的中断方式为下降沿中断触发）：根据前后两次检查 P3.2 引脚的情况判断是否有中断请求，当前一次为高、后一次为低时，置中断标志 IE0 为"1"。其他情况不置中断标志。

外部中断 1 的中断方式类似。CPU 响应中断，转向执行中断服务程序时会自动由硬件清"0"中断标志。

外部中断应用需要注意以下几个问题：

1）硬件上要把中断请求信号加到中断引脚上。

2）编程时完成 3 个任务。

① 提供中断入口地址（不同的编程语言方式不同）。

② 中断的初始化（方式选择、开中断）。

③ 编写具体的中断服务程序。

下面以一个具体的实例说明外部中断的应用。

【例 5-3】按照要求制作一个循环彩灯，即通过一个按键来控制，每按一次按键彩灯移一位。

图 5-37 所示为循环彩灯控制电路。按钮信号加到中断 0 的引脚 P3.2，当 S 不按下时，P3.2 引脚为高电平，按下时为低电平，在按键的过程中 P3.2 引

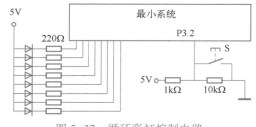

图 5-37　循环彩灯控制电路

脚产生中断请求信号。中断触发方式用边沿触发，利用 C51 语言编写程序如下：

```
#include "reg51.h"
unsigned char a=0x01;
void main(void)
{
    ITO=1;                          //设置外部中断0的中断方式为边沿触发
    EX0=1;                          //允许外部中断0
    EA=1;                           //总中断允许
    while(1)
    {;}
}
/*********************中断子函数*********************/
void key(void) interrupt 0          //中断服务程序
{
    P1=~a;
    a=a<<1;
    if(a==0x00){a=0x01;}
                                    //中断返回
}
```

5.2.3　读取单按键输入信号

任务描述

在单片机的 P 口接一个按键，并用其控制四位数码管的显示状态切换：初始状态时，四位数码管显示 0000，按下一次按钮，显示的数据加 1，直到 9999 后清零。

5-9
按键扫描程序
设计

任务分析

硬件设计：本任务在硬件上首先要保证 4 位数码管连接成动态显示所需要的硬件电路，然后在此基础上增加一个按键输入电路即可。图 5-38 所示为本任务使用的参考硬件图，按键接在 P3.2 口（这个端口的选择是为本任务中即将使用的外部中断做准备）。当按键按下时，在 P3.2 口得到一个低电平，松开后恢复到高电平。

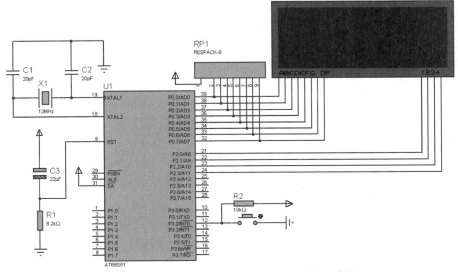

图 5-38　单按键控制四位数码管显示参考硬件图

软件设计：这里可以直接利用本书前文介绍的编程方法分别实现按键按下前后数码管上的显示状态，所以本任务的关键的问题就是如何实现显示状态的切换，即按键信号的扫描与读取。前文提到过，一般的按键扫描有 3 种编程方法：程序控制、定时控制以及中断控制。这里将采用程序控制方式来进行编程。

程序控制扫描方法：即在单片机的主循环或者某个子程序段中放置一个按键扫描程序段，该程序每执行一次，就进行一次按键信号扫描（读取），看按键是否按下。一旦按键按下，主循环就进行一次显示状态的刷新，同时要不断检测按键是否被再次按下，以确定是否要再次调整显示状态。参考流程如图 5-39 所示。

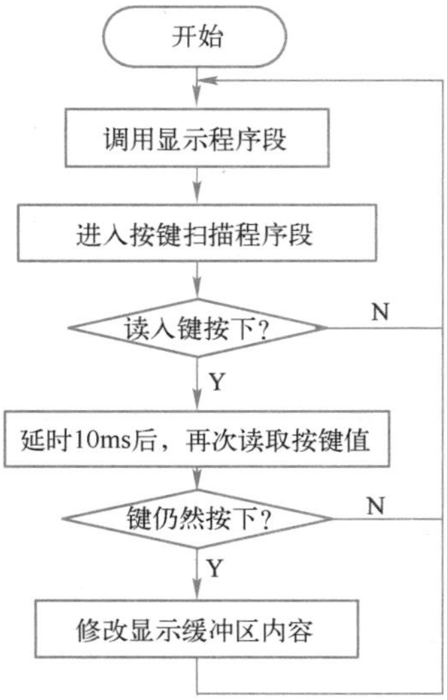

任务实施

1）运行 Proteus 软件绘制设计好的电路图，或者用实物搭建出设计好的电路。

2）使用程序扫描编程的方法进行程序编写。

图 5-39　程序控制扫描方法参考流程图

打开 Keil 软件，新建一个项目文件，命名为"5-2-3. uv2"。选择单片机型号为 AT89C51，然后新建一个程序文件"5-2-3. c"，并将该程序文件添加到项目中。在新建的"5-2-3. c"文件中输入如下程序。

```c
/******************************************************************
标题:四位数码管动态扫描显示_c
效果:单按键控制四位数码管显示状态切换
 ******************************************************************/
#include "reg51. h"
unsigned char a_code[ ] = {0x3f,0x06,0x5b,0x4f,0x66,0x6d,0x7d,0x07,0x7f,0x6f,0x77,0x7c,0x39,
0x5e,0x79,0x71,0x00};              //共阴极字段编码
unsigned char a_disp[ ] = {0,0,0,0};     //四位数码管的显示缓冲区
sbit WX1 = P2^0;                   //定义四位数码管的位选端
sbit WX2 = P2^1;
sbit WX3 = P2^2;
sbit WX4 = P2^3;
sbit K1 = P3^2;
void key( void) ;
void delay( unsigned int xms) ;        //延时子函数声明
void disp( void) ;
/********************** 主函数 **********************/
void main( void)
    {
       while( 1)
       {disp( );                     //调用显示子函数
         key( );                     //调用按键扫描子函数
       }
    }
```

```
void key(void)
    {if(K1==0)                          //第一次判断按键是否按下
      {
        delay(10);                      //软件去抖动
        if(K1==0)                       //第二次判断按键是否按下
        { while(K1==0);                 //等待按下的按钮被松开
          a_disp[3]++;                  //第四个数码管显示缓冲区加1
          if(a_disp[3]==10)             //如果第四个数码管加到10
          {
            a_disp[3]=0;                //给第四个数码管归0
            a_disp[2]++;                //给第三个数码管加1
            if(a_disp[2]==10)           //如果第三个数码管加到10
            {
              a_disp[2]=0;              //给第三个数码管归0
              a_disp[1]++;              //给第二个数码管加1
            if(a_disp[1]==10)           //如果第二个数码管加到10
            {
              a_disp[1]=0;              //给第二个数码管归0
              a_disp[0]++;              //给第一个数码管加1
              if(a_disp[0]==10)         //如果第一个数码管加到10
              a_disp[0]=0;              //给第一个数码管归0
    }}}}}}
/*********************定义显示子函数***************************/
    void disp(void)
    {
      WX1=0;                            //点亮第一个数码管
      P0=a_code[a_disp[0]];             //将第一个要显示的数字的字段码送到P0口
      delay(1);                         //调用延时1ms
      WX1=1;                            //熄灭第一个数码管
      WX2=0;                            //点亮第二个数码管
      P0=a_code[a_disp[1]];             //将第二个要显示的数字的字段码送到P0口
      delay(1);                         //调用延时1ms
      WX2=1;                            //熄灭第二个数码管
      WX3=0;                            //点亮第三个数码管
      P0=a_code[a_disp[2]];             //将第三个要显示的数字的字段码送到P0口
      delay(1);                         //调用延时1ms
      WX3=1;                            //熄灭第三个数码管
      WX4=0;                            //点亮第四个数码管
      P0=a_code[a_disp[3]];             //将第四个要显示的数字的字段码送到P0口
      delay(1);                         //调用延时1ms
      WX4=1;
    }
/*********************定义延时子函数***************************/
void delay(unsigned int xms)
{
  unsigned int i,j;
```

```
        for(i=xms;i>0;i--)
            for(j=102;j>0;j--);
    }
```

3）编译并生成目标文件 HEX，并将其加载到 Proteus 绘制的硬件电路图中进行仿真，或者下载到单片机实物中进行调试，观察四位数码管的显示，如图 5-40 所示。

5-10
按键控制单次
状态切换仿真
视频

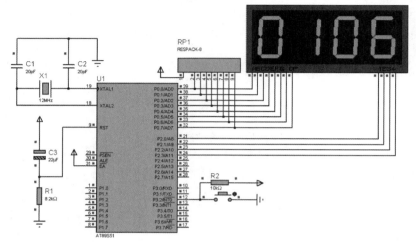

图 5-40　单按键控制四位数码管显示状态变化

4）知识拓展。

① 如何实现利用按键一次改变一个显示内容，至少实现 3 个状态的转换？

② 如果需要利用两个按键进行两种显示状态的切换，如何设计硬件和程序？

任务小结

这里采用程序扫描的方式实现对按键信号的读取，在主程序执行周期不是特别长，对按键信号的输入响应即时性要求不是特别高的场合，可以选择使用这种方式。读者可以通过在主循环中添加延时程序的方式来观察按键信号的响应情况。

5.2.4　中断的方式读入按键信号

任务描述

5-11
单按键中断程
序设计

利用单片机的 P 口来控制四位数码管，外接一个按键，系统上电时，数码管显示 0000，当按键第一次按下时，数码管显示 8888，第二次按下时数码管显示 9999，第三次按下时，数码管显示 8888，以此类推。要求采用中断的方式进行程序编写。

任务分析

任务的显示要求可以利用程序扫描的方式进行硬件设计和程序设计，本任务中明确要求利用中断的方式进行程序编写，因此在进行硬件设计和程序设计之前需要参考中断的基本概念及相关内容进行相关知识点的学习。

按键信号属于外部输入信号，可以使用外部中断的方式进行信号的即时响应，因此按键需要接在外部中断的两个输入端所在的位置上，即单片机的 P3.2 和 P3.3 引脚上，在这里可以继续延用任务 5.2.3 的电路图，将按键连接在 P3.2 引脚上，即使用单片机的外部中断 0 进行程序编写。

　　而要想使用单片机提供的 5 个中断源中的一个，在编程的最开始就必须对相应中断的控制寄存器进行操作，即中断的初始化。这里采用外部中断源 0 来实现，而与外部中断 0 相关的控制寄存器按位操作时主要有：设置中断方式的 IT0、外部中断 0 中断允许位 EX0、总中断允许位 EA，这些在进行程序编写时都需要进行设置。

任务实施

　　1）运行 Proteus 软件，绘制设计好的电路图，或者用实物搭建出设计好的电路，这里可以直接使用任务 5.2.3 中的仿真电路图，如图 5-40 所示。

　　2）中断控制扫描方法：利用中断方式进行按键扫描，在程序中就不需要不断地进行按键输入端的读取，而是可以正常执行显示程序，而按键上一旦有信号输入，就会立刻向 CPU 发出中断请求信号，并转入中断处理程序。因为要求连续两次按下按键会转入不同的显示状态，因此中断处理程序中只修改一个标志位的值，然后主程序中可以通过判断标志位的取值来选择调用不同的显示程序段。主函数参考流程图如图 5-41 所示，中断子函数参考流程图如图 5-42 所示。

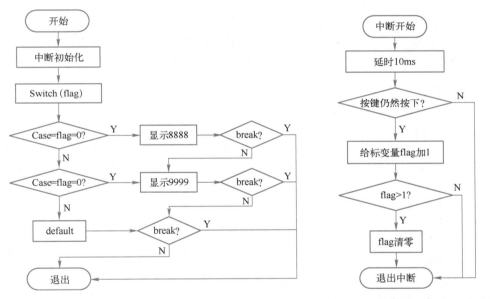

图 5-41　主函数参考流程图　　　图 5-42　中断子函数参考流程图

　　在流程图中，每次读按键后，都有调用 10 ms 延时程序段，这是利用软件的方式消抖，即在第一次读有按键信号后，调用 10 ms 延时，然后立刻再次读按键信号，如果两次读入都为按键按下的状态，则认为按键真正被按下。

　　结合流程图，在编程时可以定义一个标志变量 flag，中断服务程序负责改变 flag 的值，而主程序则判断 flag 的不同值来调用不同的显示函数。具体过程如下。

　　打开 Keil 软件，新建一个项目文件，命名为"5-2-4. uv2"。选择单片机型号为 AT89C51，然后新建一个程序文件"5-2-4. c"，并将该程序文件添加到项目中。在新建的"5-2-4. c"文件中输入如下程序。

```
/**************************************************************
标题:四位数码管动态扫描显示_c
效果:中断方式控制数码管稳定显示状态切换
```

```
**********************************************************/
#include "reg51.h"
unsigned char flag=0;
unsigned char a_code[ ] = {0x3f,0x06,0x5b,0x4f,0x66,0x6d,0x7d,0x07,
                          0x7f,0x6f,0x77,0x7b,0x39,0x5e,0x79,0x71,0x00};  //共阴极字段编码
unsigned chara_disp[ ] = {0,0,0,0,};
sbit WX1=P2^0;
sbit WX2=P2^1;
sbit WX3=P2^2;
sbit WX4=P2^3;
sbit K1=P3^2;
void delay(unsigned int xms);          //延时子函数声明
void disp(void);
/********************* 主函数 ***************************/
void main(void)
  {IT0=0;                              //设置外部中断0中断方式为下降沿触发
   EX0=1;                              //开启外部中断0中断允许
   EA=1;                               //开总中断允许
   while(1)
   {switch(flag)
     { case 0:
       {a_disp[0]=8;
       a_disp[1]=8;
       a_disp[2]=8;
       a_disp[3]=8;
       disp();
             break;}
       case 1:
       {a_disp[0]=9;
       a_disp[1]=9;
       a_disp[2]=9;
       a_disp[3]=9;
       disp();
             break;}
       default: break;
     }  }  }
/******************* 按键扫描程序段 *************************/
   void key(void) interrupt 0
     { delay(5);
       if(K1==0)
        {flag++;
         if(flag>1) flag=0;
     }  }
```

```
/**********************定义显示子函数**************************/
void disp(void)
{ WX1=0;                           //点亮第一个数码管
  P0=a_code[a_disp[0]];            //将第一个要显示的数字的字段码送到 P0 口
  delay(1);                        //调用延时 1 ms
  WX1=1;                           //熄灭第一个数码管
  WX2=0;                           //点亮第二个数码管
  P0=a_code[a_disp[1]];            //将第二个要显示的数字的字段码送到 P0 口
  delay(1);                        //调用延时 1 ms
  WX2=1;                           //熄灭第二个数码管
  WX3=0;                           //点亮第三个数码管
  P0=a_code[a_disp[2]];            //将第三个要显示的数字的字段码送到 P0 口
  delay(1);                        //调用延时 1 ms
  WX3=1;                           //熄灭第三个数码管
  WX4=0;                           //点亮第四个数码管
  P0=a_code[a_disp[3]];            //将第四个要显示的数字的字段码送到 P0 口
  delay(1);                        //调用延时 1 ms
  WX4=1;        }
/***********************定义延时子函数*********************/
void delay(unsigned int xms)
{   unsigned int i,j;
    for(i=xms;i>0;i--)
      for(j=102;j>0;j--);
}
```

注意： 本程序没有采用项目三中的变量显示的方式进行显示内容的修改，而是直接对存放显示内容的数组单元进行重新赋值。这种方式适用于显示内容比较固定的场合。

3）编译并生成目标文件，并将其加载到 Proteus 绘制的硬件电路图中进行仿真，或者下载到单片机实物中进行调试，按下按键，观察数码管的显示，如图 5-43 所示。

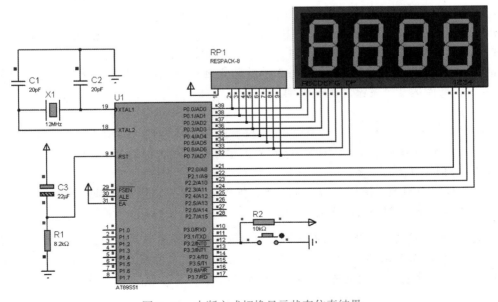

图 5-43   中断方式切换显示状态仿真结果

4）知识拓展。

① 如果需要用一个按键完成 3 个状态切换，程序如何修改？

② 如果换成外部中断 1 进行信号输入，程序如何修改？

任务小结

这里采用中断的方式来安排按键信号读取的子函数，在函数调用上与一般子函数不同，只需要设置相应的中断号，并在主函数的开始做好准备，进行相应的中断初始化，允许中断源的中断过程，则该子函数就会在中断产生时及时被响应。所以做任何事情，都要提前准备好，不打无准备之战。

5.2.5 设计上下限修改电路与程序

任务描述

5-12
上下限设置程序设计

为四位数码管的显示电路增加 3 个按键，分别为 K1~K3。第一次按下 K1 时，进入设置上限状态，数码管显示转速上限变量 ZS_H 的值；第二次按下 K1，进入设置下限状态，数码管显示转速下限变量 ZS_L 的值；第三次按下 K1，返回测量状态，数码管显示当前转速 ZS 变量的值，此时 K2 和 K3 按下无反应；在设置上下限状态下，K2 为数据加（+），K3 为数据减（-），即按下对应按钮，显示的数据与相应的变量数字会加 1 或者减 1。

任务分析

硬件设计：任务要求在四位数码管显示的电路上增加 3 个按键，前面提到过，要想系统及时响应按键的动作，最好的办法是采用外部中断的方式进行信号的输入，而从任务要求中可以看出，对按键 K1 的状态需要及时响应，并选择显示不同的内容，而对按键 K2 和 K3 则只需要在进入设置状态后才需要进行读取。因此 3 个按钮在进行端口选择时，K1 需要接在外部中断的输入端口 P3.2 或 P3.3 引脚上，其他两个按钮任意。三按键输入信号的程序编写可以参考前文三按键程序的思路，这里采用另外一种编程思路。

程序设计：任务要实现的功能主要包含下 4 个部分。

1）数码管要能显示出变量 ZS、ZS_H、ZS_L 对应的值。

2）任务要求及时响应按键 K1，并根据按键 K1 按下与否、第几次按下来显示不同的变量。

3）任务要求在 K2 和 K3 分别按下时，对变量进行数据加 1 或者减 1 的操作。

4）需要注意的是，任务要求 K2 和 K3 的功能需要在 K1 按下的不同情况下才能实现，因此编程时需要考虑的 3 个按键的优先级别。

任务实施

1）根据前面的任务分析，运行 Proteus 软件，绘制设计好的电路图，或者用实物搭建出设计好的电路。如图 5-44 所示，其中 K1 接在外部中断 0 的输入引脚 P3.2 上，K2 和 K3 分别接在引脚 P3.1 和 P3.0 上。

2）任务分析中提到，按钮功能设置需要有优先级的区别，因此外部中断 0 对应的中断服务子函数编写可以参考图 5-45 所示的流程图。

注意：本程序中没有采用 5.2.4 节使用到的修改标志位的方式进行显示状态的切换，而是使用了新的编程思路。读者在编程的时候，也可以打开思路，多多实践。"条条大道通罗马"，只要能实现控制要求，各种编程思路都可以尝试。

打开 Keil 软件，新建一个项目文件，命名为"5-2-5.uv2"。选择单片机型号为 AT89C51，然后新建一个程序文件"5-2-5.c"，并将该程序文件添加到项目中。在新建的"5-2-5.c"文件中输入如下程序。

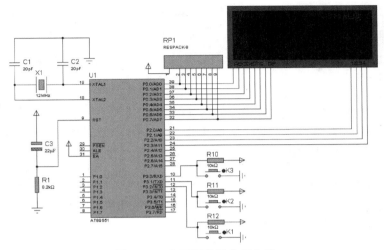

图 5-44 上下限设置参考电路

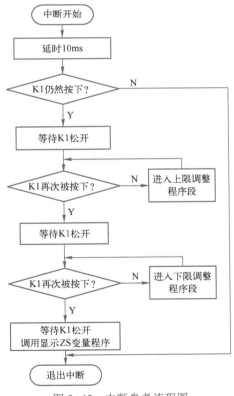

图 5-45 中断参考流程图

```
/*****************************************************************
标题:按键设置上下限_c
效果:3 个按键实现上下限设置
```

```
*******************************************************/
#include " reg51. h"
unsigned char a_code[ ] = {0x3f,0x06,0x5b,0x4f,0x66,0x6d, 0x7d,0x07,
0x7f,0x6f,0x77,0x7b,0x39,0x5e,0x79,0x71,0x5c} ;          //共阴极字段编码
unsigned char a_disp[ ] = {5,1,0,1,} ;                    //四位数码管的显示缓冲区
unsigned int ZS = 128,ZS_H = 50,ZS_L = 30;               //设置 3 个变量的初始值
sbit WX1 = P2^0;                                          //定义四位数码管的位选端
sbit WX2 = P2^1;
sbit WX3 = P2^2;
sbit WX4 = P2^3;
sbit K1 = P3^2; sbit K2 = P3^1; sbit K3 = P3^0;          //定义 3 个按键位置
void delay( unsigned int xms) ;                          //延时子函数声明
void disp( void) ;                                       //四位数码管显示子函数
void disp_data( unsigned int a) ;                        //显示变量数值子函数
/ *********************** 主函数 ***************************/
void main( void)
{   IT0 = 0;                                             //设置外部中断 0 中断方式为下降沿
                                                         //触发
    EX0 = 1;                                             //开启外部中断 0 中断允许
    EA = 1;                                              //开总中断允许
    while( 1)
    {   disp_data( ZS) ;        } }
/ ********************外部中断 0 程序段 *********************/
void key( void) interrupt 0
    { delay( 10) ;
     if( K1 = = 0)
      {   while( K1 = = 0) ;        //直到按键松开
         while( K1 = = 1)           //进入设置上限操作,直到再次按下按钮结束
         {disp_data( ZS_H) ;
          if( K2 = = 0)
            { while( K2 = = 0) ;
              ZS_H++;       }
          if( K3 = = 0)
           {while( K3 = = 0) ;
             ZS_H--;        }
          disp_data( ZS_H) ;
          }
         while( K1 = = 0) ;        //直到按键松开
         while( K1 = = 1)          //进入设置下限操作
         {disp_data( ZS_L) ;
          if( K2 = = 0)
            {   while( K2 = = 0) ;
                ZS_L++;        }
            else if( K3 = = 0)
              {   while( K3 = = 0) ;
```

```
                    ZS_L--;        }
              disp_data(ZS_L);
        }
      while(K1==0);           //直到按键松开
      disp_data(ZS);          //恢复显示当前温度值
  } }
/******************* 变量个十百位数据分离子函数 ********************/
void disp_data(unsigned int a)
  { a_disp[0]=a/100;          //取最高位
    a_disp[1]=a%100/10;       //显示转速十位值
    a_disp[2]=a%10;           //显示转速个位值
    a_disp[3]=16;             //最后一位显示一个 S 单位
    disp();  }
/****************** 定义显示子函数 **************************/
void disp(void)
  { WX1=0;                    //点亮第一个数码管
    P0=a_code[a_disp[0]];     //将第一个要显示的数字的字段码送到 P0 口
    delay(2);                 //调用延时 2ms
    WX1=1;                    //熄灭第一个数码管
    WX2=0;                    //点亮第二个数码管
    P0=a_code[a_disp[1]];     //将第二个要显示的数字的字段码送到 P0 口
    delay(2);                 //调用延时 2ms
    WX2=1;                    //熄灭第二个数码管
    WX3=0;                    //点亮第三个数码管
    P0=a_code[a_disp[2]];     //将第三个要显示的数字的字段码送到 P0 口
    delay(2);                 //调用延时 1ms
    WX3=1;                    //熄灭第三个数码管
    WX4=0;                    //点亮第四个数码管
    P0=a_code[a_disp[3]];     //将第四个要显示的数字的字段码送到 P0 口
    delay(2);                 //调用延时 2ms
    WX4=1;
  }
/********************* 定义延时子函数 **********************/
void delay(unsigned int xms)
{    unsigned int i,j;
     for(i=xms;i>0;i--)
        for(j=102;j>0;j--);}
```

3）编译并生成目标文件，并将其加载到 Proteus 绘制的硬件电路图中进行仿真，或者下载到单片机实物中进行调试，观察数码管的显示情况，如图 5-46 所示。

4）知识拓展。

① 如何修改显示出的转速、转速上限以及转速下限的数值？

② 如果程序中没有等待按键 K1 松开的程序语句，仿真结果会是如何？

5-13
三按键实现上
下限设置

任务小结

至此已经完成了项目中按键设置模块的所有功能。实际进行应用程序编写时，方法是多种

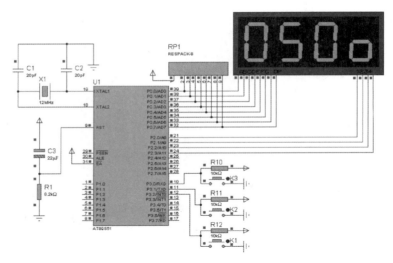

图 5-46　上下限设置仿真图

多样的，本书提供的程序只是其中一种参考方式，考虑了知识的连续性，但这种程序不一定是最好和最高效的。读者可以自行摸索，大胆尝试，努力创新，一定会有更好的编程思路，并编写出更符合实际情况的控制程序。

任务 5.3　单片机获取标准秒信号设计与仿真

　　项目要设计针对小型电动机进行速度测试的系统信号检测模块电路，被检测的电动机转速在 2000 r/min 以下，检测到的信号将输入到单片机中进行后续处理以及显示。而转速的测量有很多种方法，根据被测对象的不同，用来检测转速信息的传感器也有不同的选择。其中比较常见的有霍尔式传感器、光电式传感器、接近传感器以及磁电式传感器等。

　　在实际使用时，还需要注意传感器的使用场合是否有强磁场的干扰，有则不能使用霍尔式传感器和磁电式传感器；如果使用环境比较潮湿或者有腐蚀性气体，则需要考虑传感器的外部封装；如果使用的场合要将传感器固定，则需要考虑传感器的大小以及安装位置等多种因素；除此之外，还需要考虑测量的精度以及测量的速度。需要读者查阅资料并根据案例进行综合选择。

　　本项目由于将采用仿真的形式来完成转速的测量，只需要分析得到转速信号最终的信号形式即可。一般的传感器将获取的电动机的转速信号转换成一个脉冲信号，脉冲信号的频率与转速有一定的比例关系，具体的比例与硬件结构有关。本项目中假设脉冲信号的频率是 1 s 内电动机转动的圈数，而要显示出输入脉冲信号的频率，首先需要获取该频率值。编程时可以直接根据频率的物理意义来分步进行，即在一个标准的秒信号周期内，对脉冲信号的下降沿信号进行计数，当 1 s 时间结束时，将计数得到的值取出，即得到了该信号的频率。

　　那么如何获得标准的秒信号？这里将使用定时/计数器中断来实现。

5.3.1　定时/计数器中断源

5-14
定时计数器中断基础知识

1. 定时/计数器概述

定时/计数器是单片机系统提供的一个重要资源，包含在单片机芯片的内部。其工作方式灵活、编程简单、使用方便，可用来实现定时控制、延时、频率测量、脉宽测量、信号发生、信号检测等。此外，定时/计数器还可作为串行通信中比特率发生器。

AT89S51 有两个 16 位的定时/计数器，T0 和 T1。定时/计数器从本质上讲是一个加 1 计数器，当对外部事件脉冲计数时作为计数器使用，但外部脉冲的最高频率不能超过时钟频率的 1/24（对外部脉冲计数时，信号脉冲应加到相应的外引脚 T0（P3.4）、T1（P3.5）上）；当对内部的机器周期计数时则作为定时器使用，因为当外接晶振频率确定后，单片机的内部机器周期就是一个固定值，对其进行计数则可以直接换算成时间。

同时这两个定时/计数器都有计满后就会溢出的特点，且溢出时会产生中断标志，向单片机进行中断请求。因此当单片机 CPU 在执行其他程序时，定时/计数器可以进行定时，互相之间没有任何影响，一旦定时时间到，CPU 可以立刻知道，并进行相应操作。51 单片机的这一资源在很多场合都可以用到。

定时/计数器的定时时间和计数值可以编程设定，其方法是在计数器内设置一个初值，然后加 1 计满后溢出。调整计数器初值，可调整从初值到计满溢出之间的数值，即调整了定时时间和计数值。

2. 与定时/计数器有关的 SFR

定时/计数器寄存器是一个 16 位寄存器，由两个 8 位的计数器组成，高 8 位为 TH，低 8 位为 TL，对应定时/计数器 T0 为 TH0、TL0，对应定时/计数器 T1 为 TH1、TL1。定时/计数器的初值通过这个寄存器进行设置。

定时/计数器工作方式控制寄存器 TMOD 和定时/计数器控制寄存器 TCON 具体说明如下。

（1）定时/计数器工作方式控制寄存器TMOD（89H）

见表 5-13，TMOD 不可位寻址，只能整体赋值，其中高 4 位和低 4 位分别控制 T1 和 T0。

表 5-13　定时/计数器工作方式寄存器 TMOD 的位名称

高 4 位（控制 T1）				低 4 位（控制 T0）			
门控位	计数/定时方式选择	工作方式选择		门控位	计数/定时方式选择	工作方式选择	
G	C/T	M1	M0	G	C／T	M1	M0

1）M1M0——工作方式选择位，见表 5-14。

表 5-14　定时/计数器工作方式选择

M1M0	方　式	功　能
00	方式 0	13 位的计数器
01	方式 1	16 位的计数器
10	方式 2	8 位的计数器，初值自动重装
11	方式 3	两个 8 位的计数器，仅适用 T0

每一种工作方式的具体含义将在后面专门进行介绍。

2）C/T——计数/定时方式选择位。

C/T＝1 为计数工作方式，对外部事件脉冲计数，作计数器用（负跳变有效）。

C/T＝0 为定时工作方式，对内部机器脉冲计数，作定时器用。

3）G——门控位。

G（GATE）一般情况下都设置为"0"，此时定时/计数器的运行仅受 5.2.2 节介绍的 TCON 寄存器的 TR0/TR1 控制。如果 GATE 设置为"1"，定时/计数器的运行还受对应外中断引脚的输入信号控制。只有外中断引脚输入高电平，且 TR0/TR1 为 1 时，定时/计数器才运行。

（2）TCON：定时/计数器控制寄存器（88H）

TCON 可位寻址。低 4 位在 5.2.2 节已介绍过，不再重复。高 4 位的功能与定时器有关，含义如下：

1）TR0：定时/计数器 0 启动控制位，为"1"时启动定时器 0，为"0"时定时器关闭，可以由软件置位或清零。

2）TF0：定时器/计数器 0 溢出标志位，当计数器溢出时，由硬件自动置 1，在执行对应的中断程序后，自动清除为 0。

3）TR1：定时/计数器 1 启动控制位，为"1"时启动定时器 0，为"0"时定时器关闭，可以由软件置位或清零。

4）TF1：定时器/计数器 1 溢出标志位，当计数器溢出时，由硬件自动置 1，在执行对应的中断程序后，自动清除为 0。

3. 定时/计数器的工作方式

（1）方式 0 当 M1M0=00B 时，定时/计数器工作在方式 0，是一个 13 位的计数器。以定时/计数器 T0 为例，内部的 13 位计数器由 TL0 的低 5 位和 TH0 的高 8 位构成，TL0 的低 5 位计满时向 TH0 的低位进位，TH0 计满时溢出，置位 TF0 产生中断请求。

定时器/计数器 T0 和 T1 在方式 0 下的工作情况完全相同。

方式 0 下的计数溢出值为 8192（2^{13}），则

$$计数次数=8192-计数初值$$

$$定时时间=（8192-计数初值）×机器周期$$

方式 0 没有充分利用 16 位计数寄存器的计数范围，这是为了与 MCS-48 系列单片机兼容。13 位的计数寄存器的初始化有些烦琐，步骤如下：

1）由对应的公式计算出十进制的计数初值。

2）若计数初值小于 32，将其送入 TLi，将 0 送入 THi，完成计数寄存器初始化。

3）若计数初值不小于 32，先将其转化为二进制形式。补足 13 位后，将低 5 位送入 TLi，将高 8 位送入 THi，完成计数寄存器初始化。

（2）方式 1 当 M1M0=01 时，定时/计数器工作在方式 1，内部为 16 位计数器，以定时/计数器 T0 为例，则由 TL0 作低 8 位和 TH0 作高 8 位，16 位计满溢出，溢出置位 TF0。

方式 1 下的计数溢出值为 65536（2^{16}），则

$$计数次数=65536-计数初值$$

$$定时时间=（65536-计数初值）×机器周期$$

当需要的定时时间对应的计数初值大于 256 时，一般选择这种工作方式。

（3）方式 2 当 M1M0=10 时，定时/计数器工作在方式 2，为 8 位计数器，能自动恢复定时/计数器初值。以定时/计数器 T0 为例，即用 TL0 计数，计满溢出时自动将 TH0 中的值送入 TL0，自动恢复初值。计数的最大值为 256。

当需要定时的时间比较短、不超过系统的 256 个机器周期时，通常采用这种工作方式。

（4）方式 3　当 M1M0＝11 时，定时/计数器工作在方式 3。需要注意的是只有 T0 有方式 3，T0 工作在方式 3 时，将 16 位定时/计数器拆成两个 8 位的定时/计数器。TL0 作为一个 8 位计数单元和 T0 的其他资源构成一个 8 位定时/计数器，功能与其他方式类似。TH0 作为另外一个 8 位计数单元，用定时/计数器 T1 的 TR1 控制计数的启停，用 TF1 作为 TH0 计满溢出的标志，又构成一个 8 位定时器。

T0 一般是在 T1 用作比特率发生器又需要两个定时/计数器使用时，才设置成方式 3，此时 T1 仍然可以设置成方式 0、方式 1、方式 2，只不过此时 T1 计满不产生溢出标志，溢出信息送给串行口作为比特率信息。

4. 初值的计算方法

【例 5-4】用定时器 T0 产生 1 ms 的定时，设系统的晶振频率 f_{osc}＝12 MHz。

分析： 系统的晶振频率 f_{osc}＝12 MHz，则机器周期为 1 μs，要产生 1 ms 的定时，要数 1 ms/1 μs＝1000 个机器周期的脉冲，而数 1000 个机器周期的方法有两种，如图 5-47 所示。

```
        1000              1000
      ├──┤              ├──┤
    0                          65536
                          初值
```

图 5-47　例 5-3 图

1）从 0 开始计数，计到 1000 即可，但是需要在程序中查询什么时候到 1000，这种方法用得较少。

2）从某个平台（初值）开始计数，计满后计数器刚好溢出，可以自动产生中断标志，请求中断。一般情况编程时采用这种方法，本书后续设计基本使用此方法，如无特别情况，不做说明。例如当计数器工作在方式 1 时，这个平台初值的具体计算方法为

$$2^{16}-1\text{ ms}/1\text{ μs}=65536-1000=64536$$

将 64536 转换成 16 进制数后为 0xfc18，分成高 8 位和低 8 位分别存到计数寄存器 TH0 和 TL0 中即可。

5. 定时/计数器的一般应用步骤

在进行软件设计过程中需要用到定时/计数器时，程序中一般需要包括以下部分。

（1）初始化（以 T0 为例）

1）选择工作模式：给寄存器 TMOD 进行赋值操作，选择计数器的工作方式。

2）计数器赋初值：提前计算好计数器的初值，然后给 TH0 和 TL0 寄存器赋值。

3）启动计数器：给 TR0 位置 1。

4）开中断：开定时/计数器 0 中断允许——给 ET0 位置 1；开总中断允许——给 EA 位置 1。

（2）提供中断入口地址　利用汇编语言编程时，需要在 000BH 单元处放一条程序跳转指令到中断服务子程序段处；利用 C51 语言编程时只需要在中断服务子函数定义时标上对应的中断号 1 即可。

5-15
定时计数器中断过程

（3）编写中断服务程序

1）保护现场、恢复现场。

2）重新赋初值（方式 2 除外）。

5-16
2ms 方波的实现

【例 5-5】设计一程序，在 P1.0 引脚上输出周期为 2 ms 的方波。f_{osc}＝12 MHz。

分析：要在 P1.0 引脚上输出方波，只要在 P1.0 引脚上交替输出高电平和低电平即可，用定时/计数器产生 1 ms 定时，定时到就给输出信号取反。

计算 1 ms 定时的计数初值，机器周期为 1 μs，1 ms 需要数 1000 个机器周期。

$$初值 = 65536 - 1000 = 64536$$

64536 转换成 16 进制数为 0xfc18。

```
        #include "reg51. h"
        sbit out = P1^0;
/ * * * * * * * * * * * * * * * * * * * * * 主函数 * * * * * * * * * * * * * * * * * * * * * * * * * /
        void main( void)
        {
          TMOD = 0x01;        //设置定时/计数器 0 为方式 1
          TH0 = 0xfc;         //设置定时/计数器高位初值
          TL0 = 0x18;         //设置定时/计数器低位初值
          TR0 = 1;            //定时/计数器 0 开始计数
          ET0 = 1;            //开定时/计数器 0 中断允许
          EA = 1;             //开总中断允许
          while(1)
          {;}                 //空操作,等待中断
        }
/ * * * * * * * * * * * * * * * * * * * 中断子函数 * * * * * * * * * * * * * * * * * * * * * * * * /
        void OUT( void) interrupt 1
        {
          TR0 = 0;            //定时/计数器 0 停止计数
          TH0 = 0xfc;         //重装定时/计数器高位初值
          TL0 = 0x18;         //重装定时/计数器低位初值
          TR0 = 1;            //定时/计数器 0 重新开始计数
          out = ~ out;        //P1.0 端输出取反
        }
```

5-17
2ms 方波信号的产生仿真视频

从方式 0 和方式 1 的应用看，方式 1 比方式 0 有优点，计数范围大，初值计算无须换算，使用方便，建议采用。

5.3.2 如何获得秒信号

任务描述

为了获取转速传感器检测得到的脉冲信号的频率，需要有一个精准的秒信号，要求利用单片机提供的定时/计数器资源，实现一个较为精准的时间显示系统，四位数码管分别显示分、秒，且在系统中增加暂停计时、清零显示、继续计时 3 个控制按钮。

5-18
1S 定时的实现

任务分析

随着生活节奏的加快，不管是上班、学习还是休闲娱乐的人，都习惯时刻关注时间，因此在各种工业设备、生活设施、公共设施上经常都会有当前时间的显示，方便人们的生活、工作。本书前面采用的是计算 CPU 执行程序的机器周期，以确定显示的时间变化的间隔大约是 1 s。这种计算方法明显存在着误差，尤其是当得到的时间到达小时级别时。

而本项目中需要一个非常标准的 1 s 时间，用来对脉冲的高电平进行计数，需要非常严格的时间概念，这里将使用单片机本身提供的定时/计数器来进行 1 s 计时，这种方法可以让时间

精确到系统提供的晶振频率级别，完全可以满足用户的需要。在进行具体任务设计之前，请读者完成定时/计数器的基本概念部分相关内容。

硬件设计：本任务主要的知识点是单片机的定时/计数器的使用，硬件仿真电路图如图 5-48 所示，其中 P3.2 口接的按键电路本任务中不做考虑。

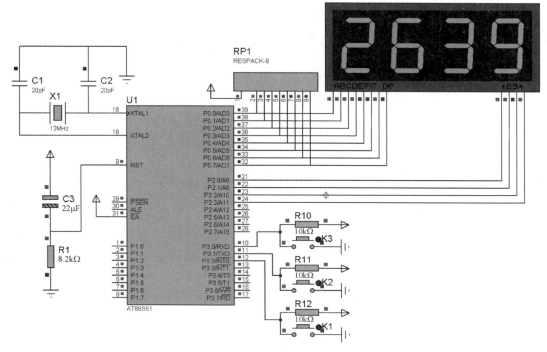

图 5-48　参考仿真电路图

软件设计：在项目 4 中要求实现时间进位的显示，给出的设计方法是利用延时程序和显示程序执行的大概时间来计算 1 s 的时间间隔。这种方法不能很精确地计算出每个程序执行的具体时间，而且程序的执行过程也会有很多的分支、不同的走向，执行的时间也不同，因此要想用这种方法精确计算时间是不可取的，它只能得到一个粗略的结果。本任务将使用单片机本身提供的一个非常好用的资源——定时/计数器。

从要求中可以看出，首先需要实现一个比较精准的 1 s 的基本时间单位，在这里使用定时/计数器 T0 来实现。首先要确定使用定时/计数器 T0 的工作方式和初始值。

本任务的硬件系统使用的是 12 MHz 的晶振，因此对应的机器周期为 1 μs。假设定时/计数器 T0 选择方式 1，最多能够实现 16 位二进制数即 $2^{16} = 65536$ 次计数，也就是最长时间为 65.5 ms 的定时时间，不能满足本任务的要求。因此利用多次定时来实现，即让定时/计数器 T0 定时时间为 50 ms 溢出，则定时溢出 20 次的时间将为 1 s。具体编程思路如图 5-49 的流程所示。

其中定时/计数器 0 工作在方式 1 下实现 50 ms 定时的初始值为 65536−50 ms/1 μs = 15536，转换成 16 进制数为 3CB0，即 TH0 = 0x3C，TL0 = 0xB0。

任务实施

1）使用四位数码管动态显示电路，如图 5-48 所示。其中接在 P3 口的 3 个按键实现暂停、清零、继续计时的功能。运行 Proteus 软件，绘制设计好的电路图，或者用实物搭建出设计好的电路。

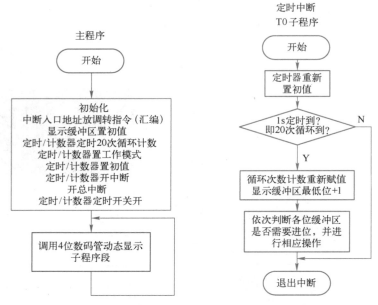

图 5-49 利用定时/计数器 T0 计时参考流程图

2）按照任务要求编写程序。根据流程图 5-49，编程中使用定时/计数器时，需要在程序的开始部分进行初始化设置，并编写相应的中断服务程序。

打开 Keil 软件，新建一个项目文件，命名为"5-3.uv2"。选择单片机型号为 AT89C51，然后新建一个程序文件"5-3.c"，并将该程序文件添加到项目中。在新建的"5-3.c"文件中输入如下程序。

```
/***********************************************************
    标题:定时/计数器实现时间显示_c
    效果:利用定时/计数器 0 实现分、秒的时间显示系统
***********************************************************/
#include "reg51.h"
unsigned char a_code[] = {0x3f,0x06,0x5b,0x4f,0x66,0x6d,0x7d,0x07,0x7f,0x6f};
unsigned char a_disp[] = {2,5,5,5};        //四位数码管的显示缓冲区
sbit WX1 = P2^0;                           //定义四位数码管的位选端
sbit WX2 = P2^1;
sbit WX3 = P2^2;
sbit WX4 = P2^3;
sbit K1 = P3^2;
sbit K2 = P3^1;
sbit K3 = P3^0;
void delay(unsigned int xms);              //延时子函数声明
void disp(void);
void change(void);
void key(void);
unsigned char js = 0;                      //计算定时 50 ms 的次数,并计算得到 1 s
```

```
/ ************************** 主函数 **********************/
void main(void)
  {
  TMOD = 0x01;              //设置定时/计数器 0 为方式 1
  TH0 = 0x3c;               //设置定时/计数器高位初值
  TL0 = 0xb0;               //设置定时/计数器低位初值
  TR0 = 1;                  //定时/计数器 0 开始计数
  ET0 = 1;                  //开定时/计数器 0 中断允许
  EA = 1;                   //开总中断允许
  while(1)
  {
    disp();
    key();
  }
  }

/ ********************** 中断程序段 *************************/
void timer(void) interrupt 1
  {
  TR0 = 0;                  //定时/计数器 0 停止计数
  TH0 = 0x3c;               //重装定时/计数器高位初值
  TL0 = 0xb0;               //重装定时/计数器低位初值
  TR0 = 1;                  //定时/计数器 0 重新开始计数
  js++;                     //定时中断次数加 1
  if(js == 20)              //20 次 50ms 定时即为 1s 时间到
    {
      js = 0;
      change();             //调用修改显示缓冲区子函数
    }
  }

/ ********************* 修改显示缓冲区 *******************/
void change(void)
  {
  a_disp[3]++;
  if(a_disp[3] == 10)
    {
      a_disp[3] = 0;
      a_disp[2]++;
      if(a_disp[2] == 6)
        {
          a_disp[2] = 0;
          a_disp[1]++;
          if(a_disp[1] == 10)
            {
```

```
                              a_disp[1]=0;
                              a_disp[0]++;
                              if(a_disp[0]==6)
                                a_disp[0]=0;
                            }
                        }
                  }
            }
/********************** 按键扫描程序段 **************************/
void key(void)
  { unsigned char i;
    if(K1==0)
      {
      while(K1==0);                //直到按键松开
      TR0=0;
      }
    if(K2==0)
      {
      while(K2==0);
      for(i=4;i>0;i--)
        {a_disp[i-1]=0;}
      }
    if(K3==0)
      {
      while(K3==0);
      TR0=1;
      }
  }
/********************** 显示时间模式程序段 *******************/
void disp(void)
  {
    WX1=0;                      //点亮第一个数码管
    P0=a_code[a_disp[0]];       //将第一个要显示的数字的字段码送到 P0 口
    delay(1);                   //调用延时 1ms
    WX1=1;                      //熄灭第一个数码管
    WX2=0;                      //点亮第二个数码管
    P0=a_code[a_disp[1]];       //将第二个要显示的数字的字段码送到 P0 口
    delay(1);                   //调用延时 1ms
    WX2=1;                      //熄灭第二个数码管
    WX3=0;                      //点亮第三个数码管
    P0=a_code[a_disp[2]];       //将第三个要显示的数字的字段码送到 P0 口
    delay(1);                   //调用延时 1ms
    WX3=1;                      //熄灭第三个数码管
```

```
        WX4 = 0;                    //点亮第四个数码管
        P0 = a_code[a_disp[3]];     //将第四个要显示的数字的字段码送到 P0 口
        delay(1);                   //调用延时 1 ms
        WX4 = 1;
    }
/****************** 定义延时子函数 ***************************/
    void delay(unsigned int xms)
    {
        unsigned int i,j;
        for(i = xms;i>0;i--)
            for(j = 102;j>0;j--);
    }
```

从程序中可以看出：

① C51 编程中使用到中断时，对应的中断服务子函数在进行定义时只需要在后面加上中断号即可。如任务中使用的中断源是定时/计数器 T0，对应的中断服务子函数定义如下：

```
void timer(void) interrupt 1
    {服务子函数体;}
```

其中 interrupt 1 表示该程序为定时/计数器 T0 的中断服务子函数，一旦 CPU 响应 T0 中断，就会自动调用该函数，而不需要在程序中进行调用。这也是中断服务子函数与一般子函数不同之处。

② 使用定时/计数器中断时，在程序开始的初始化部分主要包括设置工作模式、设置初始值、开相应中断、开总中断、开始计数（或定时）等。在 C51 编程语言中一般利用如下语句实现。

```
    TMOD = 0x01;     //设置定时/计数器 0 为方式 1
    TH0 = 0x3c;      //设置定时/计数器高位初值
    TL0 = 0xb0;      //设置定时/计数器低位初值
    ET0 = 1;         //开定时/计数器 0 中断允许
    EA = 1;          //开总中断允许
    TR0 = 1;         //定时/计数器 0 开始计数
```

③ 流程图中用来控制定时次数 20 次的计数在本程序中使用的是变量 js，需要注意的是在定时中断服务程序中，一旦计数次数达到 20 次，则需要重新给 js 赋值，否则只有第一定时时间为 $20 \times 50\,\text{ms} = 1\,\text{s}$，而后来计数时间将因为次数不对而不准确。

④ 定时/计数器的中断服务子函数必须包含定时初值的重新赋值，以确保下次开始进行定时的时间也为 50 ms，否则下次就会从 0 开始重新计数定时，在方式 1 的情况下，定时时间将为 65.536 ms。

5-19
1S 信号的产生
仿真视频

3）编译并生成目标文件并将其加载到 Proteus 绘制的硬件电路图中进行仿真，或者下载到单片机实物中进行调试，观察数码管的显示。

4）知识拓展。

① 如果希望将时、分、秒之间的间隔用相应位置上数码管的小数点来实现，程序将做何种修改？

5-20
按秒进位仿真
视频

② 如果希望显示为分、秒、毫秒，程序需要做何种修改？

任务小结

任务完成了在生活中经常用到的电子表的实例，如果希望事情按照计划很好地完成，就必须有精准的时间概念，争分夺秒地做好每一件事。

任务 5.4　电动机速度测量系统设计与仿真

5.4.1　单片机获取转速信号

任务描述

5-21
单片机如何获取转速信号

用 Proteus 软件中提供的虚拟数字时钟信号来模拟从传感器中获取的与电动机转速有一定比例关系的脉冲信号，将其输出到单片机的引脚中，需要编程获取该脉冲信号的频率，并将其显示在数码管上。注意，这里假设脉冲频率与电动机转速之间是相等的关系，而且显示的是 1 s 内脉冲的个数，即 1 s 时间内电动机转动的圈数。

任务分析

前文分析到，从传感器中获取的电动机转速信号通常是一个频率与转速有一定比例关系的脉冲信号，单片机要想获取电动机的转速信号，就需要获取相应脉冲信号的频率，即需要在标准的 1 s 时间中对脉冲信号的高电平个数进行计数。而标准的秒信号可以通过定时器定时来获取，这里需要解决另外一个问题：如何在 1 s 周期内对脉冲信号的个数进行计数。

频率一定的脉冲信号的个数可以通过高电平的个数来衡量，也可以通过低电平的个数来衡量，亦可以用由高到低的下降沿的个数来衡量。单片机的外部中断可以非常敏感地检测到输入信号的下降沿并且向单片机发出中断请求，因此可以在外部中断每次向单片机发出中断请求时，将负责数脉冲个数的变量加 1。

本任务中需要将负责数脉冲个数的外部中断与负责定时 1 s 的定时/计数器中断配合使用，当定时开始以后，外部脉冲才开始计数，1 s 时间到就取出计数的结果并用数码管显示。

任务实施

（1）硬件电路的设计

1）转速信号的输入：用脉冲信号来模拟从传感器中获取的转速信号，因为需要用外部中断的方式来获取信号的频率，因此需要选择单片机的 P3.2 或者 P3.3 引脚来作为信号的输入端。本任务选择使用 P3.3 引脚作为脉冲信号的输入引脚，即使用外部中断 1 来进行输入。

2）显示电路：显示器件仍然采用 4 位一体的数码管，以动态显示的方式连接。由于设定最高测量速度为 20000 r/min，约为每秒 400 转，因此只需要三位数码管显示电动机的转速，最后一位数码管用来显示一个特殊字符，表示单位。单片机各端口功能分配见表 5-15。

表 5-15　单片机端口功能分配

单片机端口	P3.3	P2.0~P2.5	P0
功能	传感器信号输入	数码管位选端	数码管段码端

具体参考仿真电路图如图5-50所示。

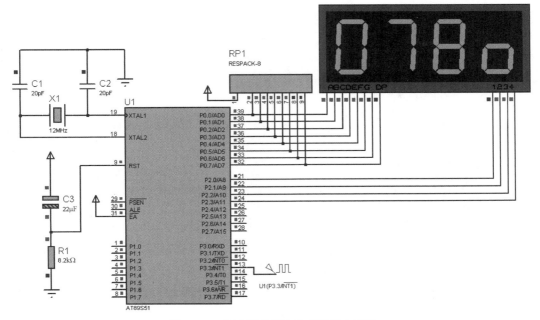

图5-50　脉冲频率获取参考仿真电路图

（2）软件程序设计　当系统开始工作以后，采用外部中断1对脉冲计数和定时/计数器T0定时1 s相结合的方法得到脉冲信号的频率，然后利用数据处理程序将得到的计数值处理为转速信号，再送数码管显示。因此编程时要解决两个问题：频率到转速的处理程序和开始测量后的显示。

1）频率到转速的处理。结合转速测量的基本原理，当电动机每转动一周得到一个脉冲信号、1 s时间里得到的脉冲数为m时，电动机的转速n应该为

$$n = 60m/1 = 60m \ \text{r/min}$$

因此，在程序中只需要将1 s时间里计数得到的脉冲个数乘以60就可以得到电动机的转速n，单位为r/min。在本任务中显示的是r/s，故脉冲个数不需要乘以60。

2）开始测量后的显示。本系统工作时有两个状态：初始状态——单片机上电工作时，显示初始状态，全为0；测量状态——系统开始测量电动机转速，在得到速度信号之前，显示仍然保持全0，一旦得到处理好的速度值，即在显示屏上显示测量结果，刷新显示内容，到此完成了一次速度信号的测量过程，这个过程需要1 s的时间。

主函数和外部中断0的参考流程如图5-51所示，而定时中断程序和脉冲计数程序可以使用任务5.3中介绍的程序。

根据图5-51所示的参考流程图，可以很方便地编写出本任务需要的程序，以下是参考程序，也可以根据其他思路编写本任务程序。

打开Keil软件，新建一个项目文件，命名为"5-4-1.uv2"。选择单片机型号为AT89C51，然后新建一个程序文件"5-4-1.c"，并将该程序文件添加到项目中。在新建的"5-4-1.c"文件中输入如下程序。

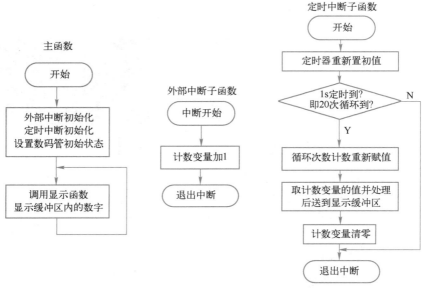

图 5-51　参考流程图

```
/*****************************************************************
标题:光电转速测量仪_c
效果:系统上电后,开始对 P32 口上输入的脉冲信号进行计数,通过处理后将信号的频率显示在数码管上
 *****************************************************************/
#include "reg51. h"
unsigned char a_code[ ] = {0x3f,0x06,0x5b,0x4f,0x66,0x6d,0x7d,0x07,
                 0x7f,0x6f,0x77,0x7b,0x39,0x5e,0x79,0x71,0x5c};    //共阴极字段编码
unsigned char a_disp[ ] = {5,1,0,1,};        //四位数码管的显示缓冲区
unsigned int ZS = 128,ZS_H = 50,ZS_L = 30;  //定义转速相关的 3 个变量,并赋初值
unsigned int js = 0;                //定时 20 个 50 ms 的计数变量
unsigned int count = 0;             //脉冲计数个数
sbit WX1 = P2^0;                    //定义四位数码管的位选端
sbit WX2 = P2^1;
sbit WX3 = P2^2;
sbit WX4 = P2^3;
void delay( unsigned int xms );     //延时子函数声明
void disp( void );                  //动态扫描显示子函数声明
void disp_data( unsigned int a );   //变量数据分离子函数声明
/*********************** 主函数 ***************************/
void main( void )
    {
    EA = 1;                 //开总中断允许
    TMOD = 0x01;            //设置方式 1
    TH0 = 0x3c;             //设置高位初值
    TL0 = 0xb0;             //设置低位初值
    TR0 = 1;                //开始 1 s 定时
    ET0 = 1;                //开中断允许
    IT1 = 1;                //设置外部中断 1 中断方式
```

```
    EX1 = 1;                        //开始对外部输入的脉冲信号计数
    while(1)
      {
      disp_data(ZS);
      }
  }
```

/ * * * * * * * * * * * * * * * * * * 定时 T0 中断服务子函数 * /

```
    void time0(void) interrupt 1
      {
      TH0 = 0x3c;                     //重装高位初值
      TL0 = 0xb0;                     //重装低位初值
      js++;                           //50 ms 定时次数加 1
      if(js == 20)                    //定时 20 次到,则 1 s 时间到
        { EX1 = 0;                    //暂时停止对外部脉冲计数
          TR0 = 0;                    //暂时停止定时
          js = 0;                     //重新给计数变量赋值,为下一个 1 s 做准备
          ZS = count;                 //将计数结果送到 ZS 变量中。
          count = 0;                  //计数变量清零,等待下次计数
          EX1 = 1;                    //重新开始对外部脉冲计数
          TR0 = 1;                    //重新开始定时
        }
      }
```

/ * * * * * * * * * * * * * * * * * * * 外部中断 1 程序段 * /

```
    void key2(void) interrupt 2
      {
          count++;
      }
```

/ * * * * * * * * * * * * * * * 变量数据分离个十百位子函数定义 * /

```
    void disp_data(unsigned int a)
    { a_disp[0] = a/100;//取最高位
      a_disp[1] = a%100/10;           //显示转速十位值
      a_disp[2] = a%10;               //显示转速个位值
      a_disp[3] = 16;                 //最后一位显示一个单位
      disp();
      }
```

/ * 定义显示子函数 * /

```
    void disp(void)
    {
      WX1 = 0;                        //点亮第一个数码管
      P0 = a_code[a_disp[0]];         //将第一个要显示的数字的字段码送到 P0 口
      delay(1);                       //调用延时 1 ms
      WX1 = 1;                        //熄灭第一个数码管
      WX2 = 0;                        //点亮第二个数码管
      P0 = a_code[a_disp[1]];         //将第二个要显示的数字的字段码送到 P0 口
      delay(1);                       //调用延时 1 ms
      WX2 = 1;                        //熄灭第二个数码管
      WX3 = 0;                        //点亮第三个数码管
```

```
        P0 = a_code[a_disp[2]];        //将第三个要显示的数字的字段码送到 P0 口
        delay(1);                      //调用延时 1 ms
        WX3 = 1;                       //熄灭第三个数码管
        WX4 = 0;                       //点亮第四个数码管
        P0 = a_code[a_disp[3]];        //将第四个要显示的数字的字段码送到 P0 口
        delay(1);                      //调用延时 1 ms
        WX4 = 1;
    }
/********************定义延时子函数****************************/
    void delay(unsigned int xms)
    {
        unsigned int i,j;
        for(i = xms;i>0;i--)
            for(j = 102;j>0;j--);
    }
```

 注： 1) 程序中的变量 js 负责帮助定时器定时 1 s 时间，即 20×50 ms = 1 s。

2) 程序中的变量 count 负责数脉冲的个数，因此在外部中断服务子函数中被进行加 1 操作，1 s 时间到后在定时中断服务子函数中取出其值送到 ZS 变量中，注意一定要对其重新赋值为 0。

（3）软硬件调试　将编写好的程序放在 keil 软件中编译好并生成 HEX 文件，然后将文件下载到实物硬件电路中进行调试，也可以加载到 Proteus 仿真软件绘制好的硬件电路图中进行仿真。单片机上电，观察数码管显示状态；等待 1 s 以后，再次观察数码管的显示。改变电动机的转速即输出脉冲信号的频率，再次重复测量，将整个结果记录下来。

（4）知识拓展

1）如果需要为系统增加开始测量按钮，程序和硬件需要做何修改？

2）如果需要测量的速度属于超低速，一般使用何种类型的光电式传感器进行测量，程序将做何种修改？

3）如果希望保留一次测量结果，即按下按键后显示上次测量结果，程序中应该如何实现？

任务小结

这个任务同时使用了两个中断源，两个中断源的使用如果不涉及中断优先级的问题，则和两个单独的中断源的使用步骤相同。需要注意的是可以使用一些全局变量来进行数据的传递。

5.4.2 设计报警模块电路与程序

任务描述

任务要求在已经完成了转速信号检测的系统中增加报警功能：当测量的速度（ZS）高于设定的转速上限（ZS_H）时，红灯点亮、蜂鸣器发声；当测量的速度（ZS）低于所设定的转速下限（ZS_L）时，黄灯点亮、蜂鸣器发声；当处于正常状态时，绿灯点亮，蜂鸣器不发声。

任务分析

任务的重点在于为系统增加一个报警判断子函数，当 ZS 变量的值从脉冲信号的输入端获得并显示以后，就可以与系统设置好的上限和下限进行比较，从而选择 3 个不同颜色的 LED

与蜂鸣器的状态。而对于 LED 和蜂鸣器的控制在前文已经有了详细的介绍，本项目只需要结合相关知识进行综合利用即可。

任务实施

（1）硬件电路设计 需要为系统增加 3 个不同颜色的 LED 控制电路，以及一个蜂鸣器控制电路，具体如图 5-52 所示。

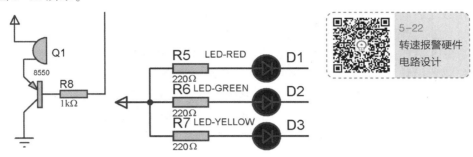

图 5-52 LED 和蜂鸣器控制电路图

其中蜂鸣器硬件电路连接采用 PNP 型晶体管进行驱动，1 kΩ 基极电阻与单片机引脚相连，单片机控制引脚没有特定要求，这里用 P1.3。从电路图中可以看出，当单片机引脚输出低电平"0"时，蜂鸣器导通，发出声音；当单片机引脚输出高电平"1"时，蜂鸣器不发声。

LED 控制电路采用共阳极接法，限流电阻值选择 220 Ω。3 个 LED 分别选择 3 种颜色，分别接在 P1.0、P1.1、P1.2 引脚上。当单片机引脚输出低电平"0"时，相应 LED 点亮；当单片机引脚输出高电平"1"时，相应 LED 熄灭。

完整的控制电路如图 5-53 所示。

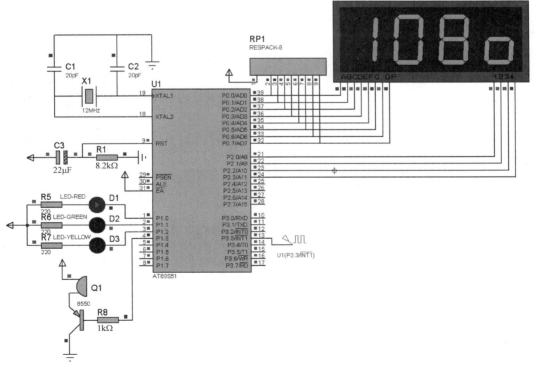

图 5-53 参考控制电路图

（2）软件程序设计　编程时需要增加一个报警功能，这需要解决三个问题：一是应该在程序的哪个部分判断是否需要报警，二是如何实现报警，三是何时结束报警。

1）系统需要报警的条件是系统测得的转速超过预设的转速值，即系统应该在测量并处理得到最后转速值时进行判断，实际编程时只需要利用比较语句就能够完成。在本项目前面任务提供的参考程序中，获得处理后的转速值送到显示子函数中进行显示，因此这里可以在显示子函数之后调用报警子函数。具体实现过程请参考后面提供的参考程序。

2）当程序通过判断发现测量得到的转速超过了设定转速值时，就需要进行声光报警。结合图 5-52，LED 的报警电路比较简单，只需要在程序中将其对应的控制端口置为低电平即可。蜂鸣器报警电路使用的是有源蜂鸣器，只需要将蜂鸣器对应的控制端口设置为低电平即可。

图 5-54 所示为报警子函数的参考流程图，从流程图中可以看出，程序中应该增加两次比较判断语句，这里将采用 if…else 语句来选择 3 种不同的结果进行下一步程序的运行。

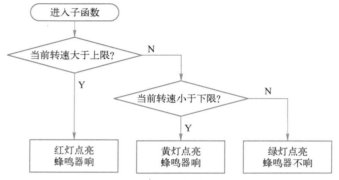

图 5-54　报警子函数参考流程图

根据流程图可以很方便地编写程序，以下是参考程序，读者在进行编程时也可以使用其他的判断语句实现任务功能。

打开 Keil 软件，新建一个项目文件，命名为"5-4-2.uv2"。选择单片机型号为 AT89C51，然后新建一个程序文件"5-4-2.c"，并将该程序文件添加到项目中。在新建的"5-4-2.c"文件中输入如下程序。

5-23
转速报警程序
设计微课

```
/*************************************************************
标题:转速报警控制_c
效果:按照 ZS 与上下限的比较,点亮不同的 LED,控制蜂鸣器
 *************************************************************/
#include "reg51.h"
unsigned char a_code[ ] = {0x3f,0x06,0x5b,0x4f,0x66,0x6d,0x7d,0x07,
                0x7f,0x6f,0x77,0x7b,0x39,0x5e,0x79,0x71,0x5c};  //共阴极字段编码
unsigned char a_disp[ ] = {5,1,0,1,};        //四位数码管的显示缓冲区
unsigned int ZS = 128,ZS_H = 50,ZS_L = 30;   //定义转速相关的 3 个变量
unsigned int js = 0;                         //定时 20 个 50ms 的计数变量
unsigned int count = 0;                      //脉冲计数个数
  sbit WX1 = P2^0;                           //定义四位数码管的位选端
  sbit WX2 = P2^1;
  sbit WX3 = P2^2;
```

```
sbit WX4 = P2^3;
sbit LED_RED = P1^0;                //引脚定义
sbit LED_GRE = P1^1;
sbit LED_YEL = P1^2;
sbit FM = P1^3;
void alert(void);                   //报警子函数声明
void delay(unsigned int xms);       //延时子函数声明
void disp(void);                    //四位数码管动态扫描显示子函数声明
void disp_data(unsigned int a);     //变量数据分离子函数声明
/ * * * * * * * * * * * * * * * * * * * * * * * 主函数 * * * * * * * * * * * * * * * * * * * * * * * * * /
void main(void)
  {
   IT0 = 1;                         //设置外部中断0中断方式为下降沿触发
   EX0 = 1;                         //开启外部中断0中断允许
   IT1 = 1;                         //设置外部中断0中断方式为下降沿触发
   EX1 = 1;                         //开始对外部输入的脉冲信号计数
   EA = 1;                          //开总中断允许
   TMOD = 0x01;                     //设置工作方式1
   TH0 = 0x3c;                      //设置高位初值50 ms
   TL0 = 0xb0;                      //设置低位初值
   TR0 = 1;                         //开始1 s定时
   ET0 = 1;                         //开中断允许
   while(1)
   {
     disp_data(ZS);
      alert();                      //报警子函数调用
   }
  }

/ * * * * * * * * * * * * * * * * * * * * * * * 报警子函数 * * * * * * * * * * * * * * * * * * * * * * * * * /
  void alert(void)
  {
    if(ZS>=ZS_H)                    //如果当前转速大于或等于转速上限
    {
    LED_RED = 0;                    //红灯亮
    LED_GRE = 1;
    LED_YEL = 1;
    FM = 0;                         //蜂鸣器响
    }
    else if(ZS<=ZS_L)               //如果当前转速小于或等于转速下限
    {
        LED_RED = 1;
        LED_GRE = 1;
        LED_YEL = 0;                //黄灯亮
```

```
        FM=0;                       //蜂鸣器响
        }
        else                        //当前转速处于上下限之间
        {
        LED_RED=1;
        LED_GRE=0;                  //绿灯亮
        LED_YEL=1;
        FM=1;
        }
    }
/*********************定时 T0 中断服务子函数*********************/
    void time0(void) interrupt 1
    {
    TH0=0x3c;                       //重装高位初值
    TL0=0xb0;                       //重装低位初值
    js++;                           //50 ms 定时次数加 1
    if(js==20)                      //定时 20 次到,则 1 s 时间到
      { EX1=0;                      //暂时停止对外部脉冲计数
        TR0=0;                      //暂时停止定时
        js=0;                       //重新给计数变量赋值,为下一个 1 s 做准备
        ZS=count;                   //将计数结果送到 ZS 变量中
        count=0;                    //计数变量清零,等待下次计数
        EX1=1;                      //重新开始对外部脉冲计数
        TR0=1;                      //重新开始定时
      }
    }
/*********************外部中断 1 程序段*********************/
    void key2(void) interrupt 2
    {
        count++;
    }
/*********************变量数据分离个十百位子函数定义*********************/
    void disp_data(unsigned int a)
    { a_disp[0]=a/100;              //取最高位
      a_disp[1]=a%100/10;           //显示转速十位值
      a_disp[2]=a%10;               //显示转速个位值
      a_disp[3]=16;                 //最后一位显示一个 S 单位
      disp();
    }
/*********************定义显示子函数*********************/
    void disp(void)
    {
```

```
        WX1 = 0;                      //点亮第一个数码管
        P0 = a_code[a_disp[0]];       //将第一个要显示的数字的字段码送到 P0 口
        delay(1);                     //调用延时 1 ms
        WX1 = 1;                      //熄灭第一个数码管
        WX2 = 0;                      //点亮第二个数码管
        P0 = a_code[a_disp[1]];       //将第二个要显示的数字的字段码送到 P0 口
        delay(1);                     //调用延时 1 ms
        WX2 = 1;                      //熄灭第二个数码管
        WX3 = 0;                      //点亮第三个数码管
        P0 = a_code[a_disp[2]];       //将第三个要显示的数字的字段码送到 P0 口
        delay(1);                     //调用延时 1 ms
        WX3 = 1;                      //熄灭第三个数码管
        WX4 = 0;                      //点亮第四个数码管
        P0 = a_code[a_disp[3]];       //将第四个要显示的数字的字段码送到 P0 口
        delay(1);                     //调用延时 1 ms
        WX4 = 1;
    }
/***********************定义延时子函数***********************/
void delay(unsigned int xms)
{
    unsigned int i,j;
    for(i=xms;i>0;i--)
        for(j=102;j>0;j--);
}
```

（3）软硬件调试　将编写好的程序放在 keil 软件中编译好并生成 HEX 文件，然后将文件下载到实物硬件电路中进行调试，也可以加载到 Proteus 仿真软件绘制好的硬件电路图中进行仿真，观察数码管显示状态以及 LED 和蜂鸣器的状态；改变电动机的转速（脉冲信号的频率）使其分别处于上下限的 3 个阶段，再次进行测量，观察声光报警电路，将整个结果记录下来。

5-24
报警功能仿真
视频

（4）知识拓展

1）如果系统有一个测量按钮，即每按下一次按钮，开始进行一次新的转速测量，请问报警子函数在调用时需要注意哪些问题？

2）如果希望能够增加一个小型按键键盘，可以对速度上下限进行在线设置，需要如何实现？

任务小结

任务使用到的知识点都是对前文的总结，大家要及时复习，多用、多练、多思才能更好地掌握知识点。

5.4.3　整体测速系统仿真调试

任务描述

为本项目中设计好的转速显示报警系统增加 3 个按键，分别实现对系统预设的转速上下限进行修改，分别为 K1 ~ K3。第一次按下 K1 时，进入设置上限状态，数码管显示转速上限变量 ZS_H 的值；

5-25
仿真调试整体
测速系统

第二次按下 K1，进入设置下限状态，数码管显示转速下限变量 ZS_L 的值；第三次按下 K1，返回测量状态，数码管显示当前转速 ZS 变量的值，此时 K2 和 K3 按下无反应；在设置上下限状态下，K2 为数据加（+），K3 为数据减（-），即按下对应按钮，显示的数据与相应的变量数字会加 1 或者减 1，从而得到本项目的完整功能。

任务分析

从任务要求可以看出，是要将获取已经完成的转速以及上下限报警功能的系统与前文上下限修改功能组合起来，完成一个完整的系统。读者需要学习的是程序模块化以后如何快速地进行功能的叠加，在这个过程中需要注意哪些问题。

首先是硬件端口的设置问题，参考硬件电路图 5-55。

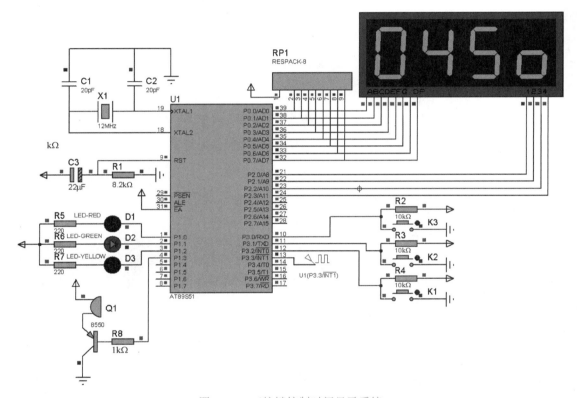

图 5-55　三按键控制时间显示系统

系统的整体硬件电路包括单片机最小系统、四位数码管动态扫描显示电路、LED 和蜂鸣器的报警控制电路、脉冲信号输入电路以及本任务需要增加的按键设置上下限电路。其中脉冲信号输入电路和按键设置上下限电路都需要使用单片机的外部中断功能，都需要使用单片机的 P3.2 和 P3.3 引脚，一定要设计好，不能互相冲突。本任务脉冲信号输入使用外部中断 1，即连接到 P3.3 引脚，3 个按键中的 K1 按键相应级别最高，使用外部中断 0，即连接到 P3.2 引脚，另外两个引脚则可以任意选择端口。

其次是程序编程问题，要考虑如何协调各个子函数之间的关系、一般子函数调用的先后顺序和位置、中断服务子函数之间的关系等。

程序中一共有 3 个中断子函数，分别是：获取脉冲信号个数的外部中断 1 所对应的中断服务子函数（void key2(void) interrupt 2），对应中断号为 2；实现上下限设置功能的外部中断 0

所对应的中断服务子函数（void key(void) interrupt 0），对应中断号为0；实现标准1 s定时时间的定时中断T0所对应的中断服务子函数（void time0(void) interrupt 1），对应中断号为1。这三个中断服务子函数都不需要在程序中调用，在达到相应中断条件时，CPU会根据其对应的中断号去执行相应的程序。

程序中还有多个普通子函数：延时子函数（void delay(unsigned int xms)），在数码管动态扫描子函数中被调用多次；数码管动态扫描显示子函数（void disp(void)），在变量数据分离子函数中被调用；变量数据分离子函数（void disp_data(unsigned int a)）实现了将一个变量进行处理后送到数码管显示的功能，在程序中分别被调用来显示ZS、ZS_H、ZS_L三个变量；报警子函数（void alert(void)），在ZS变量被显示以后进行调用。

任务实施

1）按照图5-54所示的硬件电路图绘制出相应的Proteus仿真电路，注意其中各个引脚的连接位置，其中3个LED、蜂鸣器以及按键K2、K3的位置都可以根据实际情况调整，只需要在编程时，将相应的引脚定义语句进行修改即可。

2）按照任务要求编写程序。

打开Keil软件，新建一个项目文件，命名为"5-4-3.uv2"。选择单片机型号为AT89C51，然后新建一个程序文件"5-4-3.c"，并将该程序文件添加到项目中。在新建的"5-4-3.c"文件中输入如下程序。

```
/ ************************************************************
标题:转速检测系统_c
效果:带按键上下限调整功能及报警功能的转速检测系统
   ************************************************************/
#include "reg51.h"
#define uchar unsigned char
#define uint unsigned int
unsigned char a_code[] = {0x3f,0x06,0x5b,0x4f,0x66,0x6d,0x7d,0x07,
                0x7f,0x6f,0x77,0x7b,0x39,0x5e,0x79,0x71,0x5c};  //共阴极字段编码
unsigned char a_disp[] = {5,1,0,1,};       //四位数码管的显示缓冲区
unsigned int ZS = 128,ZS_H = 50,ZS_L = 30;//定义转速相关的三个变量,并赋初值
unsigned int js = 0;                       //定时20个50 ms的计数变量
unsigned int count = 0;                    //脉冲计数个数
sbit WX1 = P2^0;                           //定义四位数码管的位选端
sbit WX2 = P2^1;
sbit WX3 = P2^2;
sbit WX4 = P2^3;
sbit LED_RED = P1^0;                       //引脚定义
sbit LED_GRE = P1^1;
sbit LED_YEL = P1^2;
sbit FM = P1^3;
sbit K1 = P3^2;                            //定义3个按键引脚
sbit K2 = P3^1;
sbit K3 = P3^0;
void alert(void);                          //报警子函数声明
```

```
    void delay(unsigned int xms);        //延时子函数声明
    void disp(void);                     //数码管显示子函数声明
    void disp_data(unsigned int a);      //变量数据分离子函数声明
/*************************** 主函数 ***************************/
    void main(void)
      {
      IT0 = 1;                //设置外部中断 0 中断方式为下降沿触发
      EX0 = 1;                //开启外部中断 0 中断允许
      IT1 = 1;                //设置外部中断 0 中断方式为下降沿触发
      EX1 = 1;                //开始对外部输入的脉冲信号计数
      EA = 1;                 //开总中断允许
      TMOD = 0x01;            //设置工作方式 1
      TH0 = 0x3c;             //设置高位初值 50 ms
      TL0 = 0xb0;             //设置低位初值
      TR0 = 1;                //开始 1 s 定时
      ET0 = 1;                //开中断允许
      while(1)
        {
        disp_data(ZS);
        alert();              //报警子函数调用
        }
      }
/*************************** 报警子函数 ***************************/
    void alert(void)
      {
      if(ZS>=ZS_H)            //如果当前转速大于或等于转速上限
        {
        LED_RED = 0;          //红灯亮
        LED_GRE = 1;
        LED_YEL = 1;
        FM = 0;               //蜂鸣器响
        }
        else if(ZS<=ZS_L)     //如果当前转速小于等于转速下限
          {
        LED_RED = 1;
        LED_GRE = 1;
        LED_YEL = 0;          //黄灯亮
        FM = 0;               //蜂鸣器响
          }
            else              //当前转速处上下限之间
            {
        LED_RED = 1;
        LED_GRE = 0;          //绿灯亮
        LED_YEL = 1;
```

```
                FM = 1;
              }
          }
/ ******************* 定时 T0 中断服务子函数 ********************* /
    void time0( void) interrupt 1
      {
        TH0 = 0x3c;              //重装高位初值
        TL0 = 0xb0;              //重装低位初值
        js++;                    //50 ms 定时次数加 1
        if( js = = 20)           //定时 20 次到,则 1 s 时间到
          { EX1 = 0;             //暂时停止对外部脉冲计数
            TR0 = 0;             //暂时停止定时
            js = 0;              //重新给计数变量赋值,为下一个 1 s 做准备
            ZS = count;          //将计数结果送到 ZS 变量中,需注意,如果电动机转动一周
                                 //不止一个脉冲,这里则需要进行计算处理
            count = 0;           //计数变量清零,等待下次计数
            EX1 = 1;             //重新开始对外部脉冲计数
            TR0 = 1;             //重新开始定时
          }
      }
/ ******************* 外部中断 1 程序段 *************************** /
    void key2( void) interrupt 2
      {    count++;    }
/ ******************* 外部中断 0 程序段 *************************** /
  void key( void) interrupt 0
    {
    delay(5);
    if( K1 = = 0)
      {
      while( K1 = = 0);          //直到按键松开
      while( K1 = = 1)           //进入设置上限操作,直到再次按下按钮结束
        {
        disp_data( ZS_H);
        if( K2 = = 0)
          {
          while( K2 = = 0);
          ZS_H++;
          }
        if( K3 = = 0)
          {
          while( K3 = = 0);
          ZS_H--;
          }
```

```
        disp_data(ZS_H);
      }
    while(K1==0);              //直到按键松开
    while(K1==1)               //进入设置下限操作
      {
        disp_data(ZS_L);
        if(K2==0)
          {
              while(K2==0);
              ZS_L++;
          }
        else if(K3==0)
          {
              while(K3==0);
              ZS_L--;
          }
        disp_data(ZS_L);
      }
    while(K1==0);              //直到按键松开
    disp_data(ZS);             //恢复显示当前温度值
   }
 }
/******************变量数据分离个十百位子函数定义********************/
void disp_data(unsigned int a)
 { a_disp[0]=a/100;            //取最高位
   a_disp[1]=a%100/10;         //显示转速十位值
   a_disp[2]=a%10;             //显示转速个位值
   a_disp[3]=16;               //最后一位显示一个S单位
   disp();
 }
/********************定义显示子函数4位*********************/
  void disp(void)
  {
  WX1=0;                       //点亮第一个数码管
  P0=a_code[a_disp[0]];        //将第一个要显示的数字的字段码送到P0口
  delay(1);                    //调用延时1ms
  WX1=1;                       //熄灭第一个数码管
  WX2=0;                       //点亮第二个数码管
  P0=a_code[a_disp[1]];        //将第二个要显示的数字的字段码送到P0口
  delay(1);                    //调用延时1ms
  WX2=1;                       //熄灭第二个数码管
  WX3=0;                       //点亮第三个数码管
  P0=a_code[a_disp[2]];        //将第三个要显示的数字的字段码送到P0口
```

```
        delay(1);                   //调用延时 1 ms
        WX3 = 1;                    //熄灭第三个数码管
        WX4 = 0;                    //点亮第四个数码管
        P0 = a_code[a_disp[3]];     //将第四个要显示的数字的字段码送到 P0 口
        delay(1);                   //调用延时 1 ms
        WX4 = 1;
    }
/************************定义延时子函数************************/
void delay(unsigned int xms)
{
    unsigned int i,j;
    for(i = xms;i>0;i--)
        for(j = 102;j>0;j--);
}
```

3）编译链接生成目标 HEX 文件，并将其加载到 Proteus 绘制的硬件电路图中进行仿真，或者下载到单片机实物中进行调试。分别按下 3 个按键，观察数码管的显示。

4）知识拓展。

① 如果将 3 个按键分别接在 P1.2、P1.3、P1.4 上，程序需要做何种修改？

② 如果利用定时/计数器 T1 来定时 50 ms，程序如何实现？

5-26
转速检测项目
整体功能仿真
视频

任务小结

从顶层设计到模块化的设计，一步一步地完成本项目，最终实现项目所需要的功能。这也是测控系统设计的一般步骤。读者可以在这个过程中多多体会，要完成一件事情，有计划、有步骤是一个成功的开始，然后要脚踏实地去完成。

项目六　温度检测系统的设计与仿真

温度是衡量物体（或物质）冷热程度的物理量，是工农业生产中经常需要测试的参数，应用非常广泛，尤其在冶金、石化、塑料、发酵、孵化等行业中温度是影响生产成败和产品质量的重要工艺参数，是测量和控制的重点内容。有些电子产品还需对它们自身的温度进行测量，如计算机要监控 CPU 的温度，电动机控制器要知道功率驱动 IC 的温度等。本项目就将以温度作为被测量，设计一个温度控制系统。

项目描述： 设计一个温控系统，能实现加热炉温度信号的采集、显示和报警等功能，采用数码管显示。测温范围为 0~100℃。当实测温度高于所设定的温度时，应发出报警（红灯亮），并使加热炉停止工作，否则为正常加热状态，保持绿灯亮。温度的测量可以采用数字式温度传感器 DS18B20 或者采用 AD590，当使用 AD590 进行温度测量时，选用 ADC0809 作为 A/D 转换器（ADC）进行 A/D 转换。

项目实施： 本项目作为一个综合设计项目，要求从传感器的使用、硬件电路设计、软件设计、最终实物调试等方面全面地实践一个项目的整个开发过程。因此本项目要求对各类传感器及单片机有一定了解再进行实践。整个项目分成 3 个任务来完成：任务 6.1 为温度显示模块设计；任务 6.2 以输出模拟量的温度传感器 AD590 作为温度检测单元，结合 A/D 转换芯片 ADC0809 的使用，完成简单温度测量显示系统的设计；任务 6.3 以输出数字型温度传感器 DS18B20 作为温度检测的传感器，直接输入信号到单片机中，完成温度测量、显示、报警控制等功能的系统设计。

任务 6.1　液晶显示模块设计与仿真

项目要求将实时检测得到的温度显示出来，而单片机控制系统中使用最多的显示设备有数码管、点阵显示器以及液晶显示器。其中数码管的显示在前面的项目中已经详细介绍，本项目中将采用目前单片机控制系统中使用非常多的液晶显示器来进行温度的显示。

6.1.1　液晶显示器

1. 液晶显示器概述

液晶显示器（Liquid Crystal Display，LCD）是集单片机技术、微电子技术、信息处理技术于一体的新型显示方式。由于液晶显示器具有低压、低功耗、显示信息量大、易于彩色化、无电磁辐射、寿命长、无污染等特点，因此它是显示产业中发展速度最快、市场应用最广的显示器件，成为众多显示媒体中的佼佼者，在越来越多的领域中发挥作用，是目前显示器件中一个理想的选择。

它一般不会单独使用，而是将 LCD 面板、驱动与控制电路组合成 LCD 模块（LCD Module，简称为 LCM）来使用。LCM 是一种很省电的显示设备，常用在数字或微处理器控制的系统中，作为简易的人机接口，但人们一般还是习惯称之为 LCD。

2. 液晶显示器的应用

随着计算机技术及电子通信技术的发展，LCD 作为一种新的传媒工具，现已经应用到商业、军事、车站、宾馆、体育、新闻、金融、证券、广告以及交通运输等行业，大到几十平方米的大屏幕，小到家庭影院用的图文显示屏，以及政府部门应用的电子黑板，证券、银行等用的信息数字混合屏。LCD 带来了广泛的社会效益和经济效益，具有良好的发展前景。

1）LCD 在监控系统中的应用。目前大多数监控系统自带的显示系统为 LED 数码管显示，这样显示效果比较单一，只能显示监控系统的测量值。而 LCD 不仅可以显示数值、汉字等，还可以显示图形。利用 LCD 和键盘实现人机交互，使监控系统独立工作成为可能。通过监控系统对现场的单回路控制器进行参数设置，对各个单回路控制器的工作进行监控。

2）LCD 在时钟中的应用。利用 LCD 液晶模块制成的小屏幕可实现时间的显示，显示格式为"时时：分分：秒秒"。另外，可以增加闹钟功能，时间到了则播放音乐，还可以增加万年历显示"年月日"等多项功能。

3）LCD 在大屏幕显示中的应用。大屏幕显示的应用范围极广，随着社会发展，公众生活越来越丰富，人们对能够面向广大公众传递信息的显示装置的需求越来越强烈，液晶投影显示大屏幕也越来越常见，如投影仪、指挥用大屏幕、液晶投影彩色电视等。它可以用一个体积很小的系统装置，实现 100 in 以上的大屏幕电视显示。它与传统的显示媒体相比，具有分辨率极高、透过性好、显示内容丰富、色彩易于控制等优点。

3. 液晶显示模块 LCD1602

LCD1602 是广泛使用的一种字符型液晶显示模块。它是由字符型液晶显示屏（LCD）、控制驱动主电路 HD44780 及其扩展驱动电路 HD44100，以及少量电阻、电容元件和结构件等装配在 PCB 上组成。不同厂家生产的 LCD1602 芯片可能有所不同，但使用方法相同。图 6-1 所示为其实物图。

图 6-1 LCD1602 液晶显示模块实物图

（1）字符型液晶显示原理 字符型液晶显示器由 $M \times N$ 个显示单元组成，以 LCD12864 为例，显示屏有 64 行，每行有 128 列，每 8 列对应 1 字节的 8 位，即每行有 16 字节，共 $16 \times 8 = 128$ 个点组成。显示屏上 64×16 个显示单元与显示 RAM 区的 1024 字节相对应，每一字节的内容与显示屏上相应位置的亮暗对应。

例如，显示屏第一行的亮暗由 RAM 区 000H~00FH 的 16 字节的内容决定，当（000H）= FFH 时，屏幕左上角显示一条短亮线，长度为 8 个点；当（3FFH）= FFH 时，屏幕右下角显示一条短亮线；当（000H）= FFH，（001H）= 00H，（002H）= 00H，…，（00EH）= 00H，（00FH）= 00H 时，在屏幕的顶部显示一条由 8 条亮线和 8 条暗线组成的虚线。这就是 LCD 显示的基本原理。

字符型液晶显示模块是一种专门用于显示字母、数字和符号等的点阵式 LCD，常用 16×1，16×2，20×2 和 40×2 等的模块。一般的 LCD1602 字符型液晶显示模块的内部控制器大部分为

HD44780，能够显示英文字母、阿拉伯数字、日文片假名和一般符号。

（2）LCD1602 的引脚功能　LCD1602 分为带背光和不带背光两种，其控制器大部分为 HD44780。带背光的比不带背光的厚，是否带背光在实际应用中并无差别。其采用标准的 14 引脚（无背光）或 16 引脚（带背光）接口，各引脚接口说明见表 6-1。

表 6-1　LCD1602 引脚功能

编　号	符　号	引脚说明	编　号	符　号	引脚说明
1	GND	电源地	9	D2	数据
2	V_{CC}	电源正极	10	D3	数据
3	VL	液晶显示偏压	11	D4	数据
4	RS	数据/命令选择	12	D5	数据
5	R/W	读/写选择	13	D6	数据
6	E	使能信号	14	D7	数据
7	D0	数据	15	BLA	背光源正极
8	D1	数据	16	BLK	背光源负极

其中，主要引脚的读写时序表见表 6-2。

表 6-2　LCD1602 读写时序表

RS	R/W	E	功　能
0	0	下降沿	写指令代码
0	1	高电平	读忙标志和 AC 值
1	0	下降沿	写数据
1	1	高电平	读数据

（3）LCD1602 的控制指令　LCD1602 模块内部的控制器共有 11 条控制指令，见表 6-3。关于模块的更多操作请参考该器件的数据手册。

表 6-3　LCD1602 的控制指令

序号	指　令	RS	R/W	D7	D6	D5	D4	D3	D2	D1	D0
1	清显示	0	0	0	0	0	0	0	0	0	1
2	光标返回	0	0	0	0	0	0	0	0	1	—
3	置输入模式	0	0	0	0	0	0	0	1	I/D	S
4	显示开/关控制	0	0	0	0	0	0	1	D	C	B
5	光标或字符移动	0	0	0	0	0	1	S/C	R/L	—	—
6	置功能	0	0	0	0	1	DL	N	F		
7	置字符发生存储器地址	0	0	0	1	字符发生存储器地址					
8	置数据存储器地址	0	0	1	显示数据存储器地址						
9	读忙标志或地址	0	1	BF	计数器地址						
10	写数到 CGRAM 或 DDRAM	1	0	要写的数据内容							
11	从 CGRAM 或 DDRAM 读数	1	0	读出的数据内容							

（4）LCD1602 的基本读写程序　LCD1602 的基本操作时序可以编写成一些标准化的程序，并打包成头文件的形式，在用该芯片进行显示时，将头文件包含到主程序中就可以直接调用其中的子函数，来实现相应的显示功能。下面提供一个参考的 LCD1602 显示头文件，读者在使用时应注意了解每个子函数实现的功能，并关注端口与硬件的一致性。

```
/ ***********************************************************
标题：1602 头文件_H
效果：对 LCD1602 常规操作进行函数定义
 *********************************************************** /
#ifndef _LCD1602_H_
#define _LCD1602_H_

#define LCD_GO_HOME 0x02              //光标位置回归显示器左上方,地址计数器 AC 清零
/ ************************** 输入方式设置 ***************** /
#define LCD_AC_R         0x06          //数据写入后,光标右移一位,显示内容不移动
#define LCD_AC_L         0x04          //数据写入后,光标左移一位,显示内容不移动
#define LCD_DISP_R_AC_R 0x05          //数据写入后,光标左移一位,显示内容右移
#define LCD_DISP_R_AC_L 0x07          //数据写入后,光标右移一位,显示内容右移
/ ****************** 设置显示、光标及闪烁开、关 ****************** /
#define LCD_DIS_ON           0x0C      //显示开
#define LCD_DIS_OFF          0x08      //显示关
#define LCD_CURSOR_ON        0x0A      //光标显示
#define LCD_CURSOR_OFF       0x08      //光标不显示
#define LCD_CURSOR_FLASH_ON 0x09      //光标闪烁
#define LCD_CURSOR_FLASH_OFF 0x08      //光标不闪烁
/ *************** 光标、画面移动不影响 DDRAM ****************** /
#define LCD_LEFT_MOVE           0x18   //LCD 显示左移一位
#define LCD_RIGHT_MOVE          0x1C   //LCD 显示右移一位
#define LCD_CURSOR_LEFT_MOVE    0x10   //光标左移一位
#define LCD_CURSOR_RIGHT_MOVE   0x14   //光标右移一位
/ ********************** 工作方式设置 ***************** /
#define LCD_DISPLAY_DOUBLE_LINE 0x38   //两行显示
#define LCD_DISPLAY_SINGLE_LINE  0x30   //单行显示
/ ****************** LCD1602 硬件接口 ****************** /
#define LCD_DATA P0                    //LCD 的数据命令输入口
sbit LCD_BUSY=LCD_DATA^7;             //LCD 忙信号位
sbit LCD_EN=P2^0;                     //LCD 使能信号
sbit LCD_RW=P2^1;                     //LCD 读写控制
sbit LCD_RS=P2^2;                     //LCD 寄存器选择
/ ****************** LCD1602 所有子函数声明 ****************** /
void LCD_check_busy(void);            //检测 LCD 状态子函数声明
void LCD_cls(void);                   //清屏子函数声明
void LCD_write_order(unsigned char);  //写命令子函数声明
void LCD_write_data(unsigned char);   //写数据子函数声明
```

```
    void LCD_initial(void);                                //初始化子函数声明
    void LCD_set_position(unsigned char x,unsigned char y);    //定位子函数声明
    void LCD_string(unsigned char *);                      //显示一个字符串子函数声明


/******************检测 LCD 状态是否为忙状态******************/
    void LCD_check_busy(void)
    { while(1)
        {
        LCD_EN=0;              //关闭 LCD 操作
        LCD_RS=0;              //设置为读命令状态
        LCD_RW=1;
        LCD_DATA=0xff;         //读端口之前先写 1
        LCD_EN=1;              //开启 LCD 操作
        if(!LCD_BUSY)break;    //读忙标志位,直到为 0 则退出
        }
     LCD_EN=0;                 //关闭 LCD 操作
    }
/******************写命令字到 LCD 中******************/
    void LCD_write_order(unsigned char LCD_order)          //写指令到 LCD
    {
     LCD_check_busy();                                     //判断 LCD 是否忙,每次操作都检测
     LCD_RS=0;                                             //设置为写命令状态
     LCD_RW=0;
     LCD_DATA=LCD_order;                                   //写命令字 LCD_order 到数据口
     LCD_EN=1;                                             //开启 LCD 操作
     LCD_EN=0;                                             //关闭 LCD 操作
    }
/******************LCD 显示屏清屏******************/
    void LCD_cls(void)                                     //LCD 清屏
    {
     LCD_write_order(0x01);                                //命令字 01 为清液晶显示器,光标归位
    }
/******************写一个字节数据到 LCD******************/
    void LCD_write_data(unsigned char LCD_data)
    {
     LCD_check_busy();                                     //LCD 是否为忙?
     LCD_RS=1;                                             //写数据状态
     LCD_RW=0;
     LCD_DATA=LCD_data;                                    //要写入的数据
     LCD_EN=1;
     LCD_EN=0;
    }
/******************设置光标位置到 x/y 处******************/
```

```
    void LCD_set_position(unsigned char x,unsigned char y)        //LCD 光标定位到 x(列)、y(行)处
    {
      if(y==0)    LCD_write_order(0x80+x);                         //设置光标位置到第一行、x 列处
      if(y==1)    LCD_write_order(0x80+x+0x40);                    //设置光标位置到第二行、x 列处
    }
/****************** 写一个字符串到 LCD ********************/
    void LCD_string(unsigned char *lcd_string)                    //输出一个字符串到 LCD
    {
     unsigned char i=0;
     while(lcd_string[i]!=0x00)
       {
       LCD_write_data(lcd_string[i]);
       i++;
       }
    }
/********************** LCD 显示初始化 ************************/
    void LCD_initial(void)
    {
     LCD_write_order(LCD_AC_R|LCD_AC_L);                          //设置 AC=0,输入后光标右移画面不动
     LCD_write_order(LCD_DIS_ON|LCD_CURSOR_OFF);                  //开显示且关闭光标显示
     LCD_write_order(LCD_DISPLAY_DOUBLE_LINE);                    //双行显示
     LCD_cls();                                                   //清屏
    }
    #endif
```

6.1.2 · 液晶显示模块硬件电路设计

LCD1602 与单片机的连接有两种方式，一种是直接控制方式，另一种是间接控制方式。它们的区别只是所用的数据线的数量不同。

1. 直接控制方式

LCD1602 的 8 根数据线和 3 根控制线 E、RS 和 R/W 与单片机相连后即可正常工作。一般应用中只须向 LCD1602 中写入命令和数据，因此可将 LCD1602 的 R/W（读/写选择控制端）直接接地，从而节省 1 根数据线。VL 引脚是液晶对比度调试端，通常连接一个 10 kΩ 的电位器即可实现对比度的调整，也可直接连接一个适当大小的电阻到地，但过电阻的大小应通过调试决定。

2. 间接控制方式

间接控制方式也称为四线制工作方式，是利用 HD44780 所具有的 4 位数据总线的功能，将电路接口简化的一种方式。为了减少接线数量，只采用引脚 DB4~DB7 与单片机进行通信，先传数据或命令的高 4 位，再传低 4 位。采用四线并口通信，可以减少对微控制器 I/O 的需求，当设计产品过程中单片机的 I/O 资源紧张时，可以考虑使用此方法。

这里采用直接控制方式连接电路，如图 6-2 所示，其中 3 根控制线分别连接单片机 P2.0、P2.1、P2.2 引脚，8 根数据线接 P0 口，与前文 LCD1602 头文件中的引脚硬件接口一致。

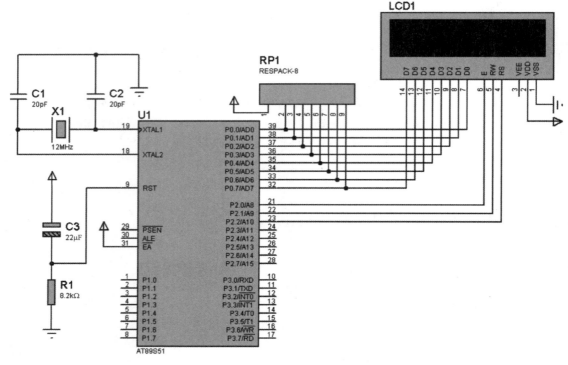

图 6-2　LCD1602 显示电路原理图

6.1.3　设计 LCD1602 显示系统

任务描述

在熟悉 LCD1602 模块基本读写操作以及硬件设计原理的基础上，编写控制程序，在显示屏上显示一组滚动的字符串。字符串分为 5 行，依次向上循环滚动显示，字符串为：

"　　　　　　　",

"Hello. Sir! I am",

"happy! I can show",

"what you like　!",

"　　　^_^　　"。

任务分析

从显示内容上可以看出，5 个字符串中每个字符串包括空格符在内一共是 16 个字符，刚好占用 LCD1602 一行显示空间。在显示时每隔一段时间重新定位显示光标位置，并送入相应时刻需要显示的内容即可。

任务实施

1）按照任务要求，可以直接使用图 6-2 所示的显示电路原理图，在主程序中注意包含前文提到的"LCD1602.h"头文件。

2）任务要求中只需要完成固定内容的显示，因此主程序中只需要重复执行显示字符串的程序段即可。为了增强程序的可读性与可移植性，这里将该程序段编写成子函数的形式，而在主函数的主循环中只需要调用该函数即可。编写具体步骤如下：

打开 Keil 软件，新建一个项目文件，命名为"6-1.uv2"。选择单片机型号为 AT89C51，然后新建一个程序文件"6-1.c"，并将该程序文件添加到项目中。在新建的"6-1.c"文件中输入如下控制程序。

```
/*************************************************************
标题:1602 液晶显示_c
效果:LCD 显示滚动的一串字符
*************************************************************/
#include <reg51.h>
#include "LCD1602.h"                    //包含前文的头文件
bit b_Introduce = 1;                    //用于关闭开始界面。1--滚动介绍;0--退出介绍
                                        //为显示其他内容预留接口
void StartIntroduce();                  //显示子函数声明
/*********************** 主函数 ***************************/
void main()
{
  LCD_initial();                        //LCD 初始化
  while(1)
  {
  StartIntroduce();                     //显示字符串
  }
}
/******************* 显示开始界面子函数 *******************/
void StartIntroduce()
{
  unsigned int i;                       //循环滚动显示延时控制
  unsigned char ucCount;                //用于循环计数
  unsigned char Introducechar[5][16] =  //循环显示内容存放的数组,一共五组字符串
  {"               ",
  "Hello. Sir! I am",
  "happy! I can show",
  "what you like   !",
  "        ^-^      "};
  LCD_write_order(0x0C);                //设置显示模式:文字不动,光标自动右移
                                        //下面这个循环用来循环显示开始界面
  for(ucCount=0;b_Introduce==1;ucCount++) //可以通过 b_Introduce 的值退出此循环
  {
    LCD_set_position(0,0);              //光标定位到第一行,第一列
    LCD_string(Introducechar[ucCount]);
    LCD_set_position(0,1);             //光标定位到第二行,第一列
    if(ucCount==4) ucCount=0;          //五组字符都显示完一遍
    LCD_string(Introducechar[ucCount+1]); //显示内容为数组后移一位
    for(i=0;i<35000;i++);              //延时 350 ms
  }
}
```

3）编译并生成主机模块控制程序 HEX 文件，加载到仿真图中运行并观察结果，如图 6-3 所示。

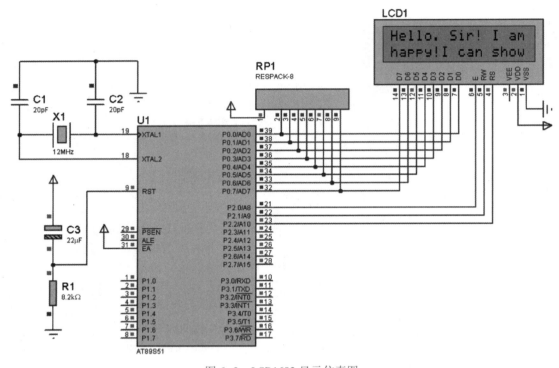

图 6-3　LCD1602 显示仿真图

任务小结

任务中初步接触到了液晶显示器的使用，从本质上来说，液晶显示是将其显示像素划分成一个一个小的发光点，最终组成想要的字符，因此需要显示的内容在送到液晶显示屏显示时，要先进行转换，这一步骤由液晶显示器的控制模块自带的字符库来完成。读者要想更好地掌握液晶显示器的使用，还是需要认真研读模块的数据手册，不断在实践过程中增加认识。

任务6.2　AD590 温度检测系统设计与仿真

温度信号的检测方式非常多，选择使用不同的温度传感器，使用的电路和工作过程都有很大的不同，因此首先要对温度和温度传感器有基本的了解。

6.2.1　温度测量及常见温度传感器

温度是表示物体（或物质）冷热程度的物理量，从微观上来讲是物体分子热运动的剧烈程度，而用来度量物体温度数值的标尺叫温标，国际单位为热力学温标开尔文（K），但包括中国在内的世界上很多国家都使用摄氏度作为温度的基本单位。

6-1
常见的温度传感器

在摄氏度温标下水的凝固点是 0℃，沸点是 100℃。1742 年，瑞典人摄尔修斯（Celsius）提出在 1 个标准大气压下，把冰水混合物的温度规定为 0℃，水的沸腾温度规定为 100℃。根据这两个固定温度点来对玻璃水银温度计进行分度。两点间做 100 等分，1 份称为 1 摄氏度，记作1℃。

而热力学温标以绝对零度作为计算起点，又称为开尔文温度。热力学温度与摄氏温度的区别只是计算温度的起点不同，即零点不同，彼此相差一个常数273.15，如80℃≈（273.15+80）K=353.15K。

1. 温度测量

能够把不同检测对象的温度变化转化为电量（电压、电流或阻抗等）变化的器件称为温度传感器。用来测量温度的传感器种类很多，常用的有热敏电阻、热电阻、PN结、热电偶以及为了方便用户使用的集成温度传感器。

2. 热敏电阻温度传感器

（1）热敏电阻的温度特性　热敏电阻由半导体陶瓷材料组成，其典型特点是对温度敏感，不同的温度下表现出不同的电阻值，按照温度系数不同分为正温度系数（PTC）热敏电阻和负温度系数（NTC）热敏电阻。

6-2
半导体热敏电阻

PTC热敏电阻的电阻值与温度变化成正比关系，即当温度升高时电阻值随之增大。在常温下，其电阻值较小，仅有几欧姆到几十欧姆；当流经它的电流超过额定值时或者温度上升时，其电阻值能在几秒内迅速增大至数百欧姆甚至数千欧姆。这种热敏电阻一般采用钛酸钡（$BaTiO_3$）等材料制成。

PTC热敏电阻一般用于彩色电视机消磁电路、电冰箱压缩机起动电路及过热、过电流保护等电路中。压缩机起动电路中常用的热敏电阻有MZ-01~MZ-04系列、MZ81系列、MZ91~MZ93系列等；彩色电视机、显示器上使用的消磁热敏电阻有MZ71~MZ75系列；限流用的小功率PTC热敏电阻有MZ2A~MZ2D系列、MZ21系列；电动机过热保护用的PTC热敏电阻有MZ61系列。

NTC热敏电阻是指电阻值与温度变化成反比关系，即当温度升高时，电阻值随之减小，一般用锰（Mn）、钴（Co）、镍（Ni）、铜（Cu）、铝（Al）等金属氧化物（具有半导体性质）或碳化硅（SiC）等材料，采用陶瓷工艺制成。

NTC热敏电阻常用于电冰箱、空调、微波炉、电烤箱、复印机、打印机等家电及办公产品中，作温度检测、温度补偿、温度控制用。常用的温度检测用NTC热敏电阻有MF53系列和MF57系列，常用的温度补偿、温度控制用NTC热敏电阻有MF11~MF17系列，常用的测温及温度控制用NTC热敏电阻有MF51系列、MF52系列、MF54系列等多种。其中MF52系列的NTC热敏电阻适用于-80℃~200℃温度范围内的测温与控温电路。MF51系列的NTC热敏电阻适用于300℃以下的测温与控温电路。选用温度控制热敏电阻时，应注意NTC热敏电阻的温度控制范围是否符合应用电路的要求。本节主要介绍NTC热敏电阻，图6-4所示为几种常用的热敏电阻外形。

图6-4　几种常见的热敏电阻外形

（2）NTC 热敏电阻温度传感器的参数

1）零功率电阻值 R_t。R_t 指在规定温度 t 时，采用引起电阻值变化相对于总的测量误差来说可以忽略不计的测量功率测得的电阻值。根据国标规定，额定零功率电阻值是 NTC 热敏电阻在基准温度 25℃时测得的电阻值 R_{25}，这个电阻值就是 NTC 热敏电阻的标称电阻值，通常所说的 NTC 热敏电阻值，是指该值。

2）热敏指数 B。热敏指数又称热敏电阻的材料常数，指的是两个温度下零功率电阻值的自然对数之差与两个温度倒数之差的比值，即

$$B = \frac{\ln R_{T_1} - \ln R_{T_2}}{1/T_1 - 1/T_2}$$

式中，R_{T_1}、R_{T_2} 分别为温度 T_1 和温度 T_2 下测量得到的零功率电阻值。除非特别指出，B 由 25℃（298.15K）和 50℃（323.15K）的零功率电阻值计算得到。B 在工作温度范围内并不是一个严格的常数。常用的 NTC 热敏电阻的 B 一般在 2000~6000K 之间。

3）耗散系数 δ。耗散系数指在规定的环境温度下，热敏电阻耗散功率变化与其相应温度变化之比。它表示使热敏电阻升高 1℃所消耗的功率。在工作温度范围内，δ 随环境温度变化而变化。

$$\delta = \frac{\Delta P}{\Delta T}$$

4）热时间常数 τ。热时间常数指在零功率条件下，当温度发生突变时，热敏电阻温度变化 63.2% 的始末温度差所需的时间。τ 与热敏电阻的热容量 C 成正比，与其耗散系数 δ 成反比，即

$$\tau = \frac{C}{\delta}$$

5）最高工作温度 $T_{\max}$。最高工作温度指在规定的技术条件下，热敏电阻能长期连续工作所允许的最高环境温度。

6）额定功率 P_n。额定功率指在规定的技术条件下，热敏电阻长期连续工作所允许消耗的功率。在此功率下，电阻自身温度不会超过其最高工作温度。

$$P_n = \delta(T_{\max} - 25℃)$$

7）电阻温度特性。NTC 热敏电阻的电阻温度特性可近似表示为

$$R = R_1 e^{B/\left(\frac{1}{T} - \frac{1}{T_1}\right)}$$

式中，R_1 为温度 T_1 下的零功率电阻；B 为材料的热敏指数；T 为当前环境温度。图 6-5 所示为 B 相同、电阻值不同和电阻值相同、B 不同时的电阻温度特性。

（3）热敏电阻温度传感器的优缺点

1）优点。

① 灵敏度较高，其电阻温度系数要比金属大 10~100 倍，能检测出 6~10℃的温度变化。

② 工作温度范围宽，常温器件适用于-55~315℃，高温器件适用温度高于 315℃（目前最高可达到 2000℃），低温器件适用于-273~55℃。

③ 体积小，能够测量其他温度计无法测量的空隙、腔体及生物体内血管的温度。

④ 使用方便，电阻值可在 0.1~100 kΩ 间任意选择。

⑤ 易加工成复杂的形状，可大批量生产。

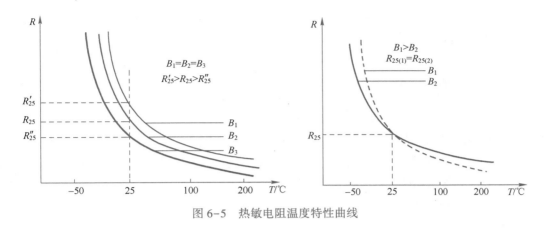

图 6-5　热敏电阻温度特性曲线

⑥ 稳定性好、过载能力强。灵敏度高（即温度每变化1℃时电阻值的变化量大），价格低廉。

2）缺点。

① 线性度较差。尤其是突变型 PTC 热敏电阻的线性度很差，通常作为开关器件用于温度开关、限流或加热元件；NTC 热敏电阻采取工艺措施使其线性度有所改善，在一定温度范围内可近似为线性，作为温度传感器可用于小温度范围内的低精度测量，如空调器、冰箱等。

② 互换性差。由于制造上的分散性，同一型号不同个体的热敏电阻其特性不相同，R_0 相差 3%~5%，B 相差 3% 左右。通常测试仪表和传感器由厂家配套调试、供应，出厂后不可互换。

③ 存在老化、电阻值缓变现象。因此，以热敏电阻为传感器温度仪表一般每 2~3 年需要校验一次。

3. 热电阻温度传感器

6-3
热电阻传感器

热电阻是基于电阻的热效应进行温度测量的，即电阻体的电阻值随温度的变化而变化。因此，只要测量出感温热电阻的电阻值变化，就可以测量出温度。热电阻大多数由纯金属材料制成，目前应用最多的热电阻由铂和铜两种金属制成。热电阻是中低温区最常用的一种温度检测器，它的主要特点是测量精度高、性能稳定。图 6-6 所示为常见的热电阻外形。

（1）常用热电阻的结构形式和用途

1）装配型热电阻。装配型热电阻主要由热电阻、绝缘套管、接线端子、接线盒和保护管组成，再与显示仪表或记录仪表配套。它可以直接测量各种生产过程中的 -200~420℃ 范围内的液体、蒸汽和气体介质以及固体的表面温度。

2）铠装热电阻。铠装热电阻是由感温元件（电阻体）、引线、绝缘材料、不锈钢套管组合而成的整体，它的外径一

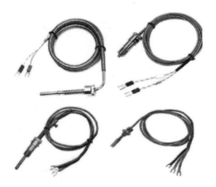

图 6-6　常见的热电阻外形

般为 $\phi2~\phi8\,\mathrm{mm}$。与普通型热电阻相比，它有下列优点：①体积小，内部无空气隙，热惯性小，测量滞后小；②机械性能好、耐振，抗冲击；③能弯曲，便于安装；④使用寿命长。

3）端面热电阻。端面热电阻感温元件由特殊处理的电阻丝绕制，紧贴在温度计端面，它与一般轴向热电阻相比，能更准确和快速地反映被测端面的实际温度，适用于测量轴瓦和其他机件的端面温度。

4）隔爆型热电阻。隔爆型热电阻通过特殊结构的接线盒，把其壳体内部爆炸性混合气体因受到火花或电弧等引发的爆炸限制在接线盒内，生产现场不会引起爆炸。隔爆型热电阻可用于 Bla~B3c 级区内具有爆炸危险场所的温度测量。

（2）铂热电阻的电阻-温度特性　铂热电阻的测量精确度是最高的，它不仅广泛应用于工业测温，而且被制成标准的基准仪，适用于中性和氧化性介质，稳定性好，但具有一定的非线性，温度越高电阻变化率越小。铂热电阻的应用范围为-200~850℃。

铂热电阻的电阻-温度特性方程，在-200~0℃的温度范围内为

$$R_T = R_0 \left[1 + AT + BT^2 + CT^3 (T - 100) \right]$$

在 0~850℃的温度范围内为

$$R_T = R_0 (1 + AT + BT^2)$$

其中，A、B、C 为常数。R_0 为温度为 0℃时的铂电阻值，按照分度号的不同，其值不相同。中国常用的有 $R_0 = 10 \Omega$、$R_0 = 100 \Omega$ 和 $R_0 = 1000 \Omega$ 等，它们的分度号分别为 Pt10、Pt100、Pt1000。

Pt100 型铂热电阻的适用温度范围为-200~650℃。表 6-4 所示为 Pt100 型铂热电阻分度表的一部分。可以通过测量得到的电阻值到表中查询得到对应的温度值。例如，在使用 Pt100 型铂热电阻测量得到的电阻值为 110 Ω 时，通过查表可以知道，与其最接近的温度值应该为 26℃。

表 6-4　Pt100 型铂热电阻分度表部分　　　　　　　　　　　　　（单位：Ω）

温度/℃	0	1	2	3	4	5	6	7	8	9
−40	84.27	83.87	83.48	83.08	82.69	82.29	81.89	81.50	81.10	80.70
−30	88.22	87.83	87.43	87.04	86.64	86.25	85.85	85.46	85.06	84.67
−20	92.16	91.77	91.37	90.98	90.59	90.19	89.80	89.40	89.01	88.62
−10	96.09	95.69	95.30	94.91	94.52	94.12	93.73	93.34	92.95	92.55
−0	100.00	99.61	99.22	98.83	98.44	98.04	97.65	97.26	96.87	96.48
0	100.00	100.39	100.78	101.17	101.56	101.95	102.34	102.73	103.12	103.51
10	103.90	104.29	104.68	105.07	105.46	105.85	106.24	106.63	107.02	107.40
20	107.79	108.18	108.57	108.96	109.35	109.73	110.12	110.51	110.90	111.29
30	111.67	112.06	112.45	112.83	113.22	113.61	114.00	114.38	114.77	115.15
40	115.54	115.93	116.31	116.70	117.08	117.47	117.86	118.24	118.63	119.01
50	119.40	119.78	120.17	120.55	120.94	121.32	121.71	122.09	122.47	122.86
60	123.24	123.63	124.01	124.39	124.78	125.16	125.54	125.93	126.31	126.69
70	127.08	127.46	127.84	128.22	128.61	128.99	129.37	129.75	130.13	130.52
80	130.90	131.28	131.66	132.04	132.42	132.80	133.18	133.57	133.95	134.33
90	134.71	135.09	135.47	135.85	136.23	136.61	136.99	137.37	137.75	138.13

（3）铜热电阻的电阻-温度特性　由于铂是贵金属，在测量精度要求不高，温度范围在 $-50\sim150℃$ 时普遍采用铜热电阻。铜热电阻在测温范围内电阻值和温度成线性关系，温度线数大，适用于无腐蚀介质，超过150℃易氧化。铜热电阻与温度间的关系为

$$R_T = R_0(1+a_1T+a_2T^2+a_3T^3)$$

一般可以简化为 $R_T = R_0(1+a_1T)$。

铜热电阻有 $R_0 = 50\,\Omega$ 和 $R_0 = 100\,\Omega$ 两种，它们的分度号为 Cu50 和 Cu100。表 6-5 为 Cu50 铜热电阻分度表。

表 6-5　Cu50 铜热电阻分度表　　　　　　　　　　　　　　（单位：Ω）

温度/℃	0	1	2	3	4	5	6	7	8	9
-40	41.400	41.184	40.969	40.753	40.537	40.322	40.106	39.890	39.674	39.458
-30	43.555	43.349	43.124	42.909	42.693	42.478	42.262	42.047	41.831	41.616
-20	45.706	45.491	45.276	45.061	44.846	44.631	44.416	44.200	43.985	43.770
-10	47.854	47.639	47.425	47.210	46.995	46.780	46.566	46.351	46.136	45.921
0	50.000	50.214	50.429	50.643	50.858	51.072	51.286	51.501	51.715	51.929
10	52.144	52.358	52.572	52.786	53.000	53.215	53.429	53.643	53.857	54.071
20	54.285	54.500	54.714	54.928	55.142	55.356	55.570	55.784	55.988	56.212
30	56.426	56.640	56.854	57.068	57.282	57.496	57.710	57.924	58.137	58.351
40	58.565	58.779	58.993	59.207	59.421	59.635	59.848	60.062	60.276	60.490
50	60.704	60.918	61.132	61.345	61.559	61.773	61.987	62.201	62.415	62.628
60	62.842	63.056	63.270	63.484	63.698	63.911	64.125	64.339	64.553	64.767
70	64.981	65.194	65.408	65.622	65.836	66.050	66.264	66.478	66.692	66.906
80	67.120	67.333	67.547	67.761	67.975	68.189	68.403	68.617	68.831	69.045
90	69.259	69.473	69.687	69.901	70.115	70.329	70.544	70.762	70.972	70.186
100	71.400	71.614	71.828	72.042	72.257	72.471	72.685	72.899	73.114	73.328
110	73.542	73.751	73.971	74.185	74.400	74.614	74.828	75.043	75.258	75.477
120	75.686	75.901	76.115	76.330	76.545	76.759	76.974	77.189	77.404	77.618
130	77.833	78.048	78.263	78.477	78.692	78.907	79.122	79.337	79.552	79.767
140	79.982	80.197	80.412	80.627	80.843	81.058	81.272	81.488	81.704	81.919

4. 热电偶温度传感器

6-4
热电偶传感器

（1）热电偶测量原理　两种不同材料的导体组成一个闭合电路时，若两接点温度不同，则在该电路中会产生电动势，这种现象称为热电效应。该电动势称为热电动势，是由两种导体的接触电动势和单一导体的温差电动势组成的。热电偶就是利用这种原理进行温度测量的，其中，直接用作测量介质温度的一端叫作工作端（也称为测量端），另一端叫作冷端（也称为补偿端）；冷端与显示仪表或配套仪表连接，显示仪表会指出热电偶所产生的热电动势。图 6-7 所示为玉管陶瓷管 1300℃ 高温适用的 K 型热电偶外形。

图 6-7　K 型热电偶外形

1）两种导体的接触电动势 $e_{AB}(T)$、$e_{AB}(T_0)$。假

设两种金属的电子密度不同，则在两种金属接触时，就会产生电子的扩散现象。图 6-8 所示为两种导体的接触电动势。结果使两种金属各自带上不同的电荷，形成一个电场。而此电场会阻止电子的进一步扩散，从而在两种金属之间形成一个稳定的电位差，即两种导体的接触电动势。当接触点的温度不同时，所产生的接触电动势也有所不同，$e_{AB}(T)$ 和 $e_{AB}(T_0)$ 分别代表温度为 T 和 T_0 时的接触电动势。

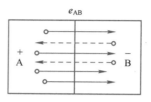

图 6-8　两种导体的接触电动势

2）单一导体的温差电动势 $e_A(T, T_0)$、$e_B(T, T_0)$。对于单一导体，如果两端温度分别为 T、T_0，且 $T > T_0$，如图 6-9 所示，则导体中的自由电子在高温端具有较大的动能，因而向低温端扩散，高温端因失去了自由电子带正电，低温端获得了自由电子带负电，即在导体两端产生了电动势，这个电动势称为单一导体的温差电动势。

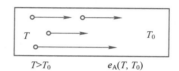

图 6-9　单一导体的温差电动势

图 6-10 所示的热电偶电路中产生的总热电动势为

$$e_{AB}(T, T_0) = e_{AB}(T) + e_B(T, T_0) - e_{AB}(T_0) - e_A(T, T_0)$$

由于在总电动势中，温差电动势比接触电动势小很多，可以忽略不计，有

$$e_{AB}(T, T_0) = e_{AB}(T) - e_{AB}(T_0)$$

实际应用中，热电动势与温度之间的关系是通过热电偶分度表来确定的。分度表是在参考端温度为 0℃ 时，通过实验建立起来的热电动势与工作端温度之间的数值对应关系。表 6-6 所示为镍铬-镍硅型热电偶（K 型）的分度表。

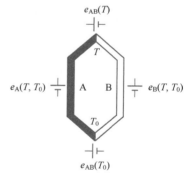

图 6-10　热电偶电路的总热电动势

表 6-6　镍铬-镍硅型热电偶（K 型）的分度表　　（单位：mV）

温度℃	0	10	20	30	40	50	60	70	80	90
0	0.000	0.397	0.798	1.203	1.611	2.022	2.436	2.850	3.266	3.681
100	4.095	4.508	4.919	5.327	5.733	6.137	6.539	6.939	7.338	7.737
200	8.137	8.537	8.938	9.341	9.745	10.151	10.560	10.969	11.381	11.793
300	12.207	12.623	13.039	13.456	13.874	14.292	14.712	15.132	15.552	15.974
400	16.395	16.818	17.241	17.664	18.088	18.513	18.938	19.363	19.788	20.214
500	20.640	21.066	21.493	21.919	22.346	22.772	23.198	23.624	24.050	24.476

（续）

温度℃	0	10	20	30	40	50	60	70	80	90
600	24.902	25.327	25.751	26.176	26.599	27.022	27.445	27.867	28.288	28.709
700	29.128	29.547	29.965	30.383	30.799	31.214	31.624	32.042	32.455	32.866
800	33.277	33.686	34.095	34.502	34.909	35.314	35.718	36.121	36.524	36.925
900	37.325	37.724	38.122	38.915	38.915	39.310	39.703	40.096	40.488	40.879
1000	41.269	41.657	42.045	42.432	42.817	43.202	43.585	43.968	44.349	44.729
1100	45.108	45.486	45.863	46.238	46.612	46.985	47.356	47.726	48.095	48.462
1200	48.828	49.192	49.555	49.916	50.276	50.633	50.990	51.344	51.697	52.049
1300	52.398	52.747	53.093	53.439	53.782	54.125	54.466	54.807	—	—

（2）热电偶的基本定律

1）中间导体定律。在热电偶电路中接入第 3 种导体且其两端温度相等时，热电偶总热电动势不变，如图 6-11 所示。根据这个定律，可以采取任何方式焊接导线，将热电动势通过导线接至测量仪表进行测量，且不影响测量精度。

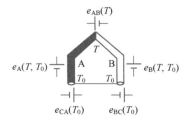

图 6-11　热电偶的中间导体定律

2）中间温度定律。在热电偶测量电路中，测量端温度为 T，自由端温度为 T_0，中间温度为 T'_0，如图 6-12 所示。则 T、T_0 热电动势等于 T、T'_0 与 T'_0、T_0 热电动势的代数和。

$$e_{AB}(T,T_0) = e_{AB}(T,T'_0) - e_{AB}(T'_0,T_0)$$

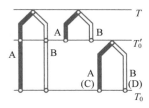

图 6-12　热电偶的中间温度定律

显然，选用廉价的热电偶 C、D 代替 T'_0、T_0 热电偶 A、B，只要在 T'_0、T_0 温度范围 C、D 与 A、B 热电偶具有相近的热电动势特性，便可使测量距离加长，测温成本大为降低。这就是在实际测量中，对冷端温度进行修正，运用补偿导线延长测温距离，消除热电偶自由端温度变化影响的道理。同种导体构成的闭合电路中无论导体的截面积、长度以及各处温度分布如何，都不能产生热电动势。

3）参考电极定律。已知热电极 A、B 与参考电极 C 组成的热电偶在结点温度为（T、T_0）

时的热电动势分别为 $e_{AC}(T、T_0)$、$e_{BC}(T、T_0)$，则在相同的温度下有

$$e_{AB}(T、T_0) = e_{AC}(T、T_0) - e_{CB}(T、T_0)$$

参考电极定律大大简化了热电偶选配电极的工作，只要获得有关热电极与参考电极配对的热电动势，那么任何两种热电极配对时的电动势均可利用该定律计算，而不需要逐个进行测量。

（3）热电偶的温度测量　图 6-13 所示为用热电偶测温的基本电路。在应用热电偶串、并联测温时，应注意两点：第一，必须应用同一分度号的热电偶；第二，两热电偶的参考温度应相等。

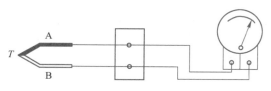

图 6-13　热电偶的单端温度测量

图 6-14 所示为用两个热电偶来测量两点的温度和、差、平均值的电路。

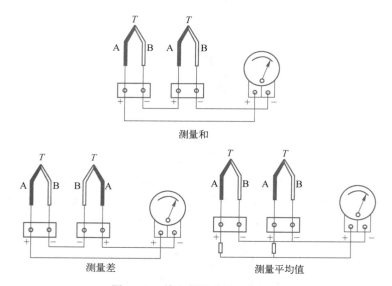

图 6-14　热电偶的多端温度测量

在实际测温中，冷端温度常随工作环境温度而变化，为了使热电动势与被测温度间成单值函数关系，必须对冷端进行补偿。常用的补偿方法有以下几种：

1）0℃恒温法。把热电偶的冷端放入装满冰水混合物的保温容器（0℃恒温槽）中，使冷端保持 0℃。这种方法常在实验室条件下使用。

2）硬件补偿法。硬件补偿法是热电偶在测温的同时，再利用其他温度传感器（如 PN 结）检测热电偶冷端温度，由差动运算放大器对两者温度对应的电动势或电压进行合成，输出被测温度对应的热电动势，再换算成被测温度。

3）软件补偿法。当热电偶与微处理器构成测温系统时，在热电偶测温的同时，再利用其他温度传感器对热电偶冷端温度进行测量，由软件求得被测温度。

4）补偿导线法。由不同导体材料制成、在一定温度范围内（一般在100℃以下）具有与所匹配的热电偶的热电动势的标称值相同的一对带绝缘层的导线叫作补偿导线。

（4）热电偶温度传感器的优缺点　热电偶温度传感器是工业上最常用的温度检测元件之一。其优点是：

1）测量精度高。热电偶直接与被测对象接触，不受中间介质的影响。

2）温度测量范围广。常用的热电偶温度传感器在−50~1600℃均可连续测量，某些特殊热电偶最低可测到−269℃（如镍铬−金铁热电偶），最高可测到2800℃（如钨−铼热电偶）。

3）性能可靠，机械强度高。

4）使用寿命长，安装方便。

其的缺点是：

1）灵敏度低。热电偶的灵敏度很低，如K型热电偶温度每变化1℃时电压变化只有约40 μV，因此对后续的信号放大调理电路要求较高。

2）热电偶往往用贵金属制成，价格较贵。

5. 集成温度传感器

集成温度传感器是将晶体管的be结作为温度敏感元件，加上信号放大电路、调理电路甚至A/D转换或U/f转换电路等集成在一个芯片上制成的。其按输出信号的不同可分为以电压、电流、频率或周期形式输出的模拟集成温度传感器和输出开关信号的逻辑输出温度传感器以及以数字量形式输出的数字集成温度传感器3种。

集成温度传感器的优点是：使用简便、价格低廉、线性好、误差小、适合远距离测温和控温、免调试等。

（1）模拟集成温度传感器　传统的模拟温度传感器如前文介绍的热电偶、热敏电阻和热电阻，对温度的监控在一些温度范围内线性不好，需要进行冷端补偿或引线补偿，热惯性大，响应时间慢。模拟集成温度传感器将驱动电路、信号处理电路以及必要的逻辑控制电路集成一个芯片上，具有灵敏度高、线性度好、响应速度快等优点，常见的模拟温度传感器有LM3911、LM335、LM45、AD22103等电压输出型以及AD590电流输出型。

（2）开关输出型温度传感器　在很多实际应用的场合，使用者并不需要严格的温度值，只关心温度是否超出了某个设定范围，一旦温度超出所规定的范围，则发送信号，起动或关闭风扇、空调、加热器或其他控制设备，此时可选用开关输出型温度传感器，俗称温度开关。MAX6501/02/03/04温度监控开关就属于这一类，图6-15所示为MAX6501的一种封装外形。

图6-15　MAX6501外形

MAX6501/02/03/04是具有逻辑输出的温度开关，它们的使用很非常简单：用户选择一种接近自己需要的控制的温度门限（由厂家预设在−45℃~115℃，预设值间隔为10℃）。直接将其接入电路即可使用，无需任何外部元件。其中，MAX6501/03为漏极开路低电平报警输出，MAX6502/04为推/拉式高电平报警输出。MAX6501/03提供热温度预置门限（35℃~115℃），当温度高于预置门限时报警；MAX6502/04提供冷温度预置门限（−45℃~15℃），当温度低于预置门限时报警。对于需要一个简单的温度超限报警而又空间有限的应用如笔记本计算机、蜂窝移动电话等应用来说是非常理想的。这类器件的工作电压范围为2.7~5.5 V，典型工作电流为 30 μA。

（3）数字集成温度传感器　数字集成温度传感器（又称智能温度传感器）内含温度传感器、ADC、存储器（或寄存器）和接口电路，采用了数字化技术，能以数字形式输出被测温度值，其测温误差小、分辨率高、抗干扰能力强、能远距离传输、具有越限温度报警功能、带串行总线接口，适配各种微处理器等优点。其按输出的串行总线类型分，有单线总线（1-Wire，如 DS18B20）、二线总线（包括 SMBus、I^2C 总线，如 AD7416）和四线总线（SPI 总线，如 LM15）等类型。表 6-7 所示为常用数字集成温度传感器的主要技术指标。

表 6-7　常用数字集成温度传感器的主要技术指标

型　号	最大测量误差/℃	测量范围/℃	电源电压/V	总线类型	生产厂商
DS18B20	±0.5	−55~125	3.0~5.5	1-Wire	DALLAS
DS1624	±0.5	−55~125	3.0~5.0	IIC 总线	
AD7416	±2.0	−55~125	2.7~5.5	IIC 总线	ADI
AD7814	±2.0	−55~125	2.7~5.5	SPI 总线	
LM74	±3.0	−55~125	3.0~5.0	SPI 总线	NSC
LM75	±3.0	−25~100	3.0~5.0	IIC 总线	
MAX6625	±3.0	−55~125	3.0~5.5	IIC 总线	MAXIM
MAX6654	±3.0	−55~125	3.0~5.5	SMBus	

MAX65/66/75/76/77 系列器件可通过单线和微处理器进行温度数据的传送，提供 3 种灵活的输出方式——频率、周期或定时，转换精度可以达到±0.8℃，一条线最多允许挂接 8 个传感器。器件的电源电压为电源 2.7~5.5 V，电流为 150 μA，可以测量范围为−45~125℃。它输出的方波信号的周期正比于绝对温度，利用微处理器内部的计数器测出周期后就可计算出温度。

6.2.2　AD590 温度传感器

前文提到过，AD590 温度传感器是一款输出电流型模拟温度传感器，AD 公司利用 PN 结构正向电流与温度的关系制成的电流输出型双端集成电路温度传感器，其测温范围为−55~150℃。在 4~30 V 电源电压范围内，该器件可充当一个高阻抗、恒流调节器，调节系数为 1 μA/K。片内薄膜电阻经过激光调整，使该器件在 298.2 K（25℃）时输出 298.2 μA 电流。图 6-16 所示为 AD590 的外形图。

6-5
AD590 温度传感器

AD590 共有 I、J、K、L、M 五档，其中 M 档精度最高，在−55~150℃范围内非线性误差为±0.3℃。

AD590 流过器件的电流（μA）等于器件所处环境的热力学温度度数，即电流变化 1 μA，相当于温度变化

图 6-16　AD590 的外形图

1 K。AD590 的电源电压范围为 4~30 V；可以承受 44 V 正向电压和 20 V 反向电压，因而器件反接也不会损坏。图 6-17 所示为其常用测温电路。

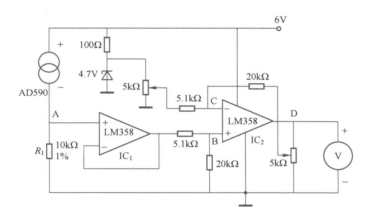

图 6-17　AD590 的测温电路

　　AD590 在出厂前经过校准，当温度为 0℃ 时，其输出电流为 273.2μA。环境温度每变化 1℃，其输出电流将会变化 1μA，该电流通过 10 kΩ 电阻 R_1 后，在 A 点和电源地之间得到一个变化的电压值，即温度每变化 1℃，A 点的电压将变化 1 μA × 10 kΩ = 10 mV，灵敏度为 10 mV/℃。表 6-8 所示为 A 点电压与 AD590 输出电流以及温度的对应关系。

表 6-8　电压与 AD590 输出电流以及温度的对应关系

温度/℃	AD590 电流/μA	A 点电压/V
0	273.2	2.732
10	283.2	2.832
20	293.2	2.932
30	303.2	3.032
40	313.2	3.132
50	323.2	3.232
60	333.2	3.332
100	373.2	3.732

　　为了增大后续放大器的输入阻抗，减小对 R_1 上电压信号的影响，转化后的电压信号经**电压跟随器** IC_1 后到差动运算放大器 IC_2 的同相输入端，B 点的电压等于 A 点电压。由于 AD590 是按热力学温度分度的，0℃ 时的电流不等于 0，而是 273.2 μA，经 10 kΩ 电阻转换后的电压为 2.732 V，因此需给 IC_2 的反相输入端 C 加上 2.732 V 的固定电压进行差动放大，以使 0℃ 时运算放大器的输出电压为 0。

　　由此可以看出，温度在 0~100℃ 变化时放大器输入端电压信号的变化范围是

$$\Delta U_i = 3.732 \text{ V} - 2.732 \text{ V} = 1 \text{ V}$$

　　如果要求输出端电压变化为 5 V，则运算放大器的放大倍数应为

$$A_v = \frac{\Delta U_o}{\Delta U_i} = \frac{5}{1} = 5$$

　　应用 AD590 时，无需线性化电路、精密电压放大器、电阻测量电路和冷端补偿，除温度测量外，还可用于分立器件的温度补偿或校正。

6.2.3 A/D 转换与 ADC0809

在控制系统中模拟量输入通道的设计非常重要，因为现场的温度、压力、流量等连续变化的非电物理量经传感器转换成模拟电参量（电压/电流等），通过变送单元转换成一定形式的模拟电参量之后，需要使用 A/D 转换器件，将模拟量转换成数字量，才能经接口电路送入单片机中进行处理。

6-6
ADC0809 模数
转换

这些现场状态（包括开关量输入）是单片机系统控制决策的依据。模拟量输入通道的一般结构如图 6-18 所示。

图 6-18　模拟量输入通道的一般结构

1. ADC 分类及特点

ADC 按转换后输出数据的方式可分为串行与并行两种。其中，并行 ADC 又可按数据宽度分为 8 位、12 位、14 位、16 位等，按输出数据类型可分为 BCD 码输出和二进制输出，按转换原理可分为逐次逼近型和积分型。此外，还有纯硬件编码型 ADC，其速度最快，价格也最高，用于超高速场合如视频信号的采集等。

串/并行 ADC 各有优势。并行 ADC 具有占用较多的数据线，输出速度快的特点，在转换位数较少时，有较高的性价比。串行 ADC 输出占用的数据线少，转换后的数据逐位输出，输出速度较慢，但它具有两大优势：其一，便于信号隔离，在数据输出时，只需少数几路光电隔离器件，就可以很简单地实现与控制电路间的电气隔离；其二，在转换精度要求日益提高的前提下，使用串行 ADC 的性价比较高，且芯片小，引脚少，便于电路板制作。

2. ADC 的主要指标

（1）分辨率与分辨精度　ADC 的分辨率习惯用转换后数据的位数来表示，而分辨精度则是指转换数据个数的倒数，用百分比表示。如 14 位 ADC 的精度为 $1/2^{14} \times 100\% = 1/16384 \times 100\% = 0.0061\%$。

（2）量化误差　量化误差是指将模拟量转换成数字量（量化）过程中引起的误差，理论上为"单位数字量"的一半，即为 LSB 的 1/2。例如 0~5 V 的电压，如果转换成 8 位二进制数，则单位数字量为 $5 \text{ V}/2^8 \approx 0.0196 \text{ V}$，则量化误差为 $1/2 \times 0.0196 \text{ V} \approx 0.0098 \text{ V}$。

（3）转换时间和转换速度　转换时间是指从启动转换开始到完成一次转换所需的时间。一般来说转换速度是转换时间的倒数。

（4）量程　量程是指能够转换的电压范围，如 0~5 V、−10~10 V 等。

3. ADC0809

逐次逼近型 ADC 也称为逐次比较法 ADC，它由结果寄存器、内部 DAC、比较器和控制逻辑等部件组成。基本工作原理是采用逐位比较的方法逐步逼近，将模拟输入信号 U_{IN} 与推测信号 U_i 相比较，根据 U_i 大于还是小于 U_{IN} 来决定增大还是减小该推测信号 U_i，以便向模拟输入信号 U_{IN} 逼近。由于推测信号 U_i 即为内部 DAC 的输出信号，所以当推测信号 U_i 与模拟输入信号 U_{IN} 相等时，向内部 DAC 输入的数字量就是对应于模拟输入量 U_{IN} 的数字量。

N 位逐次逼近型 ADC 最多只需 N 次 D/A 转换、比较判断，就可以完成 A/D 转换。因此，逐次逼近型 ADC 转换速度很快。下面以 ADC0809 这款 8 通道 8 位 ADC 为例进行介绍。

ADC0809 是 NS 公司生产的 CMOS 工艺 8 通道 8 位逐次逼近式 ADC。其片内有 8 路模拟量通道选择开关及相应的通道锁存、译码电路，A/D 转换后的数据由三态锁存器输出，可以和单片机接口直接连接。图 6-19 所示为其内部结构图，图 6-20 所示为其外部封装。

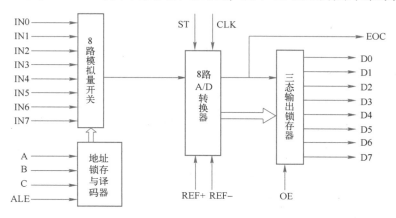

图 6-19　ADC0809 内部结构

ADC0809 具有以下特点：

1）分辨率为 8 位。

2）误差 ±1 LSB，无漏码。

3）转换时间为 100 μs。

4）很容易与微处理器接口。

5）单一电源为 5 V，采用单一电源 5 V 供电时量程为 0~5 V。

图 6-20　ADC0809 外部封装

6）无需零位或满量程调整。

7）带有锁存控制逻辑的 8 通道多路转换开关，可选 8 路中的任一路进行转换。

8）带锁存器的三态数据输出。

ADC0809 为 DIP28 封装，芯片引脚排列如图 6-21 所示，引脚的功能及含义如下：

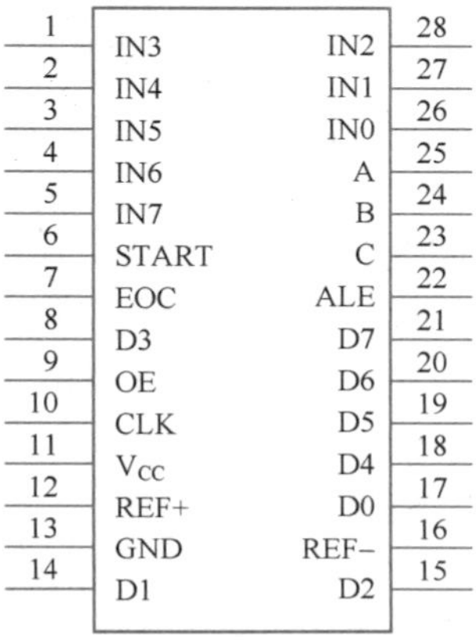

（1）与电源及基准相关的引脚（共 4 脚）

1）V_{CC}：工作电源输入。典型值为 5 V，极限值为 6.5 V。

2）GND：接电源地端。

3）REF+：参考电压（+）输入，一般与 V_{CC} 相连。

4）REF-：参考电压（-）输入，一般与 GND 相连。

（2）与控制及状态相关的引脚（共 8 脚）

1）START：A/D 转换启动输入信号，正脉冲有效。脉冲上升沿清除逐次逼近型寄存器，下降沿启动 A/D 转换。

2）ALE：地址锁存输入信号，上升沿锁存 C、B、A 引脚上的信号，并据此选通转换 IN7~IN0 中的一路。一般使用时可以将

图 6-21　ADC0809 外部引脚

其与 START 端连在一起，刚好可以利用正脉冲的上升沿锁存地址信号，选择好转换通道，紧接着的下降沿启动 A/D 转换。

3）EOC：转换结束输出。启动转换后自动变低电平，约 100 μs 后，跳变为高电平，表示转换结束，供单片机查询。如果采用中断法，该引脚一定要经反相后接单片机的 INT0 或 INT1 引脚。

4）OE：输出允许，输入高电平有效。输入高电平时，转换结果才从 A/D 转换器的三态输出锁存器送上数据总线。因此利用单片机读取 A/D 转换结果之前，必须先给该端一个高电平。

5）CLK：时钟输入。时钟频率允许范围为 10~1200 kHz，典型值 640 kHz，当时钟频率为典型值时，转换速度为 100 μs（90~116 μs）。

6）C、B、A：选通输入，选通 IN7~IN0 中的一路模拟量，其中 C 为高位。例如，当 C、B、A 分别取值为 1、1、0 时，对应的通道应该为 IN6。

（3）数据输入、输出相关的引脚（共 16 脚）

1）D7~D0：8 位数据输出。其中，D7 为数据高位，D0 为数据低位。在 Proteus 仿真电路中没有 ADC0809 器件模型，此时可以利用 ADC0808 来替代，两者的区别是，ADC0808 的转换输出 D0~D7 与 ADC0809 输出端高低位是相反的，即 ADC0809 的最低位是 D0，ADC0808 的最低位是 D7，其他引脚功能与 ADC0809 一致。

2）IN7~IN0：8 路模拟量输入。

ADC0809 一次只能选通 IN7~IN0 中的某一路进行转换，具体选择的通道由 ALE 上升沿时送入的 C、B、A 引脚信号决定。

6.2.4 设计 AD590 温度检测系统

任务描述

设计一个温度显示系统：利用集成温度传感器 AD590 进行温度信号的采集，通过信号处理电路将温度信号的变化转换成电压的变化；然后通过 A/D 转换器 ADC0809 将变化的电压值转换成 8 位二进制数送到单片机中进行数据转换后显示在四位数码管上，精确到小数点后 3 位。

任务分析

任务中需要用到两个器件：集成温度传感器 AD590 和 A/D 转换器 ADC0809。AD590 是一款电流输出型集成温度传感器，可以将每变化 1℃ 的温度值转换成 1 μA 的电流变化输出到后续处理电路中，通过 10 kΩ 的电阻将这个电流变化转换成 10 mV 的电压变化，再经过比例放大电路，最终可以把 1~100℃ 的温度变化转换成一个 0~5 V 连续变化的电压信号。因此任务的关键问题是如何将 0~5 V 连续变化的模拟电压信号输入到单片机中进行处理和显示。这里就要用到模拟信号到数字信号的转换器件 ADC0809，它是一款 8 通道 8 位 A/D 转换器，其转换速度很快（典型值为 100 μs 左右），转换精度也能达到 8 位二进制数，转换成电压值在最大电压为 5 V 的情况下，可以分辨出 $5\,V \div 2^8 \div 2 \approx 9.77\,mV$，完全能满足任务要求。

任务实施

（1）ADC0809 电路设计　任务选择电流输出型集成温度传感器 AD590，能够检测出 1℃ 的温度变化，且使用其典型处理电路将 0~100℃ 的温度变化转换成 0~5 V 的电压变化，如图 6-17 所示。因此这里的硬件电路设计主要是指后续的 A/D 转换电路的设计。

本文将采用 Proteus 仿真的方式实现 A/D 转换的过程，因此在后文都将使用 ADC0808 器件来代替 ADC0809。图 6-22 所示为参考硬件图。需要注意：

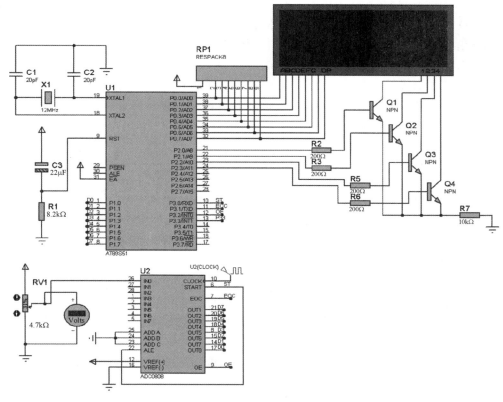

图 6-22　ADC0808 参考硬件图

1）图 6-22 中采用了一个连续可调的电位器 RV1 对 5 V 电压进行分压的电路来模拟从温度传感器 AD590 及其后处理电路中得到的与温度相对应的 0～5 V 电压。然后将分压后得到的电压两端接一个直流电压表，可以通过电压表的读数直接读出分压电压的大小，即输入到 ADC0808 中的模拟电压的大小。

2）对于 ADC0808 器件，在图 6-22 中只接了一个通道的模拟信号，而且是从通道 IN0 中输入。而 IN0 通道对应的地址为 000，即 ADD C、ADD B、ADD A 三端的输入信号都应该为低电平，因此硬件上将这三端都直接接到电源地端。

如果需要更换模拟信号的输入通道，则这三端的输入信号也要跟着变化，例如需要将输入信号从 IN5 端输入，则对应地址为 101，即 ADD C、ADD B、ADD A 三端中 ADD C 和 ADD A 端应该接高电位，ADD B 端接地。

如果需要同时使用多个通道，则需要根据实际情况来判断这三个端口的接法。如果需要同时为 ADC0808 输入两路模拟信号，假设选择通道 IN0 和 IN1。对于 A/D 转换器件来说，一次只能转换一个通道，因此在转换之前需要准备好通道地址，而通道 IN0 和 IN1 对应的地址分别为 000 和 001。可以看出其中的 ADD B 端和 ADD C 端在两个通道选择时都保持低电位，可以直接接地，而 ADD A 端则要改变，只能接到单片机的一个 I/O 口上，通过程序来控制其值从而选择不同的通道。

更多情况依此类推，请读者自行思考更多通道同时使用时的连接方法。

3）ADC0808 的 ALE 端和 START 端连在一起用一个单片机的 I/O 口控制。

4）CLOCK 端的信号在实际应用中一般会利用单片机的 ALE 端通过分频来实现，也可以直接与一个 I/O 口相连，然后在程序中用定时器来产生一个高频率的脉冲信号。本书则直接利用了一个脉冲信号源来输入一个 1 MHz 的时钟信号，利用 C 语言编写的程序中将用此方式实现，即将这个端口直接与单片机的 P3.3 口相连。

（2）单片机端口设计　从图 6-22 中可以看出，要想让 ADC0808 在单片机的控制下协调工作，需要为其提供相应的控制信号，而要读取其转换结果更是需要将 A/D 的信号输出端与一个 P 口相连。具体的端口分配见表 6-9。

表 6-9　任务中单片机 I/O 口分配表

单片机端口	P3.0	P3.1	P3.2	P2.0~P2.3	P0	P1
功能	START	EOC	OE	数码管位选端	数码管段码输入端	A/D 转换后数据输入

（3）软件程序设计　程序设计大体要划分成以下几个部分：如何启动并完成一次 A/D 转换，并将结果读回到单片机中；读回的数据如何处理成十进制数；如何将处理好的数据显示到 4 位数码管中。其中第 3 个问题此处不再进行详细说明，读者可以直接看参考程序，而数据处理的方式针对汇编语言和利用 C51 语言编写时也不太一样，将分别在对应参考程序后面进行分析。下面解决 A/D 转换的问题。

ADC0808 要想完成一次 A/D 转换需要分成 4 个步骤：选择通道及地址锁存、启动 A/D 转换、判断是否转换结束、读回转换结果。对于单通道 A/D 转换，由于通道选择直接用固定的地址信号确定了，故可以省去。图 6-23 所示为参考编程的流程图。

根据流程图可以很方便地编写出本任务需要的程序，以下是参考程序，也可以根据其他思路编写程序。

打开 Keil 软件，新建一个项目文件，命名为 "6-2. uv2"。选择单片机型号为 AT89C51，然后新建一个程序文件 "6-2. c"，并将该程序文件添加到项目中。在新建的 "6-2. c" 文件中输入如下程序。

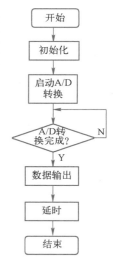

图 6-23　A/D 转换参考流程图

```
/*******************************************************
标题:ADC0808_c
效果:6个数码管稳定显示 ADC0809 A/D 转换的结果
*******************************************************/
#include" reg51. h"
unsigned char a_code[ ] = {0x3f,0x06,0x5b,0x4f,0x66,0x6d,
                          0x7d,0x07,0x7f,0x6f,0x40};
unsigned char a_disp[ ] = {5,0,0,0,6,6};            //数码管的显示缓冲区
unsigned char a_wx[ ] = {0xfe,0xfd,0xfb,0xf7,0xef,0xdf};   //位选端
sbit ST = P3^0;              //转换启动信号 ST 上升沿时,复位 ADC0809
                            //下降沿时启动芯片,开始进行 A/D 转换
                            //在 A/D 转换期间,START 应保持低电平
sbit OE = P3^1;              //输出允许信号,用于控制三态输出锁存器向
```

```
                                    //单片机输出转换得到的数据。OE=0,输出
                                    //数据线呈高阻;OE=1,输出转换得到的数据
sbit EOC=P3^2;                      //转换结束信号。EOC=0,正在进行转换;EOC=1,转换结束。
sbit CLK=P3^3;                      //定义 A/D 时钟信号输出端
sbit point=P0^7;                    //数码管小数点控制端
unsigned char a=0, b=0,temp=0;
unsigned int results;
void delayms(int);
/************************主函数***************************/
void main()
{
    TMOD=0x22;                      //两个定时器都工作在方式 2
    TH0=(256-250);                  //定时器 T0 自动重装时的初值
    TL0=(256-250);                  //定时器 T0 定时初值
    TH1=(256-2);                    //定时器 T1 自动重装时的初值
    TL1=(256-2);                    //定时器 T1 定时初值
    ET0 = 1;                        //开中断
    ET1 = 1;
    EA = 1;
    TR0=1;                          //启动定时器
    TR1=1;
    while(1)
    {  OE=0;                        //0808 不允许数据输出
       ST=0;                        //启动 A/D 转换,先上升沿复位,再下降沿启动
       ST=1;
       ST=0;
       delayms(2);                  //延时约 500μs,等待转换
       while(EOC==0);              //等待转换结束信号
       OE=1;                        //A/D 允许输出
       temp=P1;                     //从 P1 口读转换结果
       delayms(2);                  //等待数据读完
       OE=0;                        //关闭 A/D 输出允许
       results=temp*195;           //将 5V 电压分成 256 份,大概每份为 0.0195 V
       results=results/10;         //结果再除以 10,就将结果转换成 mV
       a_disp[0]=results/1000;     //取最高位
       a_disp[1]=results/10/10%10; //取次高位
       a_disp[2]=results/10%10;    //取次低位
       a_disp[3]=results%10;       //取最低位
    }
}
/**********************延时子函数***************************/
void delayms(int x)
```

```
{ int i,j;
    for(i=0;i<x;i++)
      for(j=0;j<120;j++);
}
/ ******************** T0 定时中断子函数(250μs)********************* /
void T0_8ms(void) interrupt 1
{  if (++a==10)             //若定时 5 ms 到
   { a=0;   b++;
     if(b==4)              //b 加 1 以后是否为 4
        {   b=0;      }
     P2=a_wx[b];
     P0=a_code[a_disp[b]];
     if(b==0)
        point=1;
     else
        point=0;
   }
}
/ *************** T1 定时中断子函数-产生一个时钟信号 ****************** /
    void T1_CLK( ) interrupt 3
    {   CLK=~CLK; }                //信号频率大概为晶振频率的 1/4
```

(4）软硬件调试　将编写好的程序放在 Keil 软件中编译好并生成 HEX 文件，然后将文件下载到实物硬件电路中进行调试，也可以加载到 Proteus 仿真软件绘制好的硬件电路图中进行仿真。图 6-24 所示为仿真结果。

（5）知识拓展

1）如果将模拟信号从通道 IN7 中输入，软硬件要做何种修改？

2）如果需要同时进行两路模拟信号的数据转换及显示，将如何实现？

3）如果需要一个转换精度更高的器件，如 12 位的 A/D 转换器件，你能够自行进行相关资料的查阅，并最终实现吗？

任务小结

本任务是采用仿真的方式来观察 ADC0808 的编程结果，其中的输入信号并不是真正的温度信号，所以显示出来的是一个电压值，实际电路在进行安装后，显示的应该是一个温度值，也就是需要将从 A/D 转换芯片中读回来的电压值转换成温度值后再显示。请读者自行动手实践。多思考、多实践，再思考、再实践，才能更好、更牢固地掌握新知识。

任务 6.3　DS18B20 温度检测系统设计与仿真

前文提到过，集成温度传感器中有很多模块将 A/D 转换电路等数据处理的电路直接集成到了内部电路中，最终直接输出表达温度值的数字信号，可以非常方便地与单片机相连接，其中温度传感器 DS18B20 就是使用较多的一款传感器，这里将利用这一传感器完成温度的检测。而进行设计之前，先简单了解一下单片机与器件之间的串口通信。

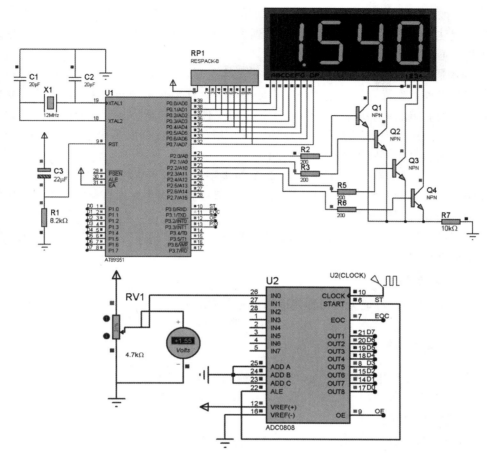

图 6-24　A/D 转换仿真结果

6.3.1　单片机串行通信的基本概念

单片机的 CPU 与外部设备之间、单片机与单片机之间的信息交换称为数据通信，通常有并行通信与串行通信两种类型。并行通信是数据的各位同时进行传送（发送或接收）的通信方式，其优点是数据传送速度快，缺点是数据有多少位，就需要多少根信号线。而串行通信是数据一位一位顺序传送的通信方式，其优点是数据传送需要的信号线少，大大降低了传送成本，特别适用于远距离通信，其缺点是传送速度较低。

1.　串行通信的两种基本通信方式

在串行通信中，数据是一位一位地进行传送。为了把每个字节区别开，需要收发双方在传送数据的串行信息流中，加入一些标记信号位。根据所添加的标记信号位的不同方式，将串行通信分成同步通信和异步通信两种。

（1）异步通信　异步通信是一种很常用的通信方式，在发送字符时，发送端可以在任意时刻开始发送字符，因此必须在每一个字符的开始和结束的地方加上标志，即加上开始位和停止位，以便使接收端能够随时正确地接收每一个字符。

数据传送形式：按帧传送，一帧数据包含起始位、数据位、校验位和停止位。

特点：对硬件要求较低，实现起来比较简单、灵活，适用于数据的随机发送/接收，但因每个字节都要建立一次同步，即每个字符都要额外附加两位，所以工作速度较低，在单片机中主要采用异步通信方式。

（2）同步通信　同步通信的通信双方必须先建立同步，即双方的时钟要调整到同一个频率。收发双方不停地发送和接收连续的同步比特流。一种是使用全网同步，用一个非常精确的主时钟对全网所有节点上的时钟进行同步。另一种是使用准同步，各节点的时钟之间允许有微小的误差，然后采用其他措施实现同步传输，即把所传送的数据以多个字节（100 字节以上）为单位，在其前后添加同步字符保持通信同步。

数据传送形式：数据块。数据块由 1~2 个同步字符和多字节数据位组成，同步字符作为起始位以触发同步时钟开始发送或接收数据；多字节数据之间不允许有空隙，每位占用的时间相等；空闲位需发送同步字符。

特点：传输速度较快，但要求有准确的时钟来实现收发双方的严格同步，对硬件要求较高，适用于成批数据传送。

2. 串行通信波特率

波特率（Baud Rate）定义：每秒传输的信号元素的数目，即

$$1 \text{ 波特} = 1 \text{ 位/秒} (1 \text{ bit/s})$$

波特率的倒数即为每位传输所需的时间。

 注：通信双方必须具有相同的波特率，否则无法成功地完成串行数据通信。

3. 串行通信的制式

串行通信按照数据传送方向可分为 3 种制式，如图 6-25 所示。

图 6-25　串行通信的 3 种制式

（1）单工制式　单工制式是指双方通信时**只能单向传送数据**，发送方和接收方固定。

（2）半双工制式　半双工制式是指通信双方都具有发送器和接收器，既可发送也可接收，但不能同时接收和发送，**发送时不能接收，接收时不能发送**。

（3）全双工制式　全双工制式是指通信双方均设有发送器和接收器，并且信道划分为发送信道和接收信道，因此全双工制式可实现甲乙双方**同时发送和接收数据**，发送时能接收，接收时也能发送。

在本任务中使用的 DS18B20 与单片机的数据传送也是采用串行口的通信方式来实现的。

6.3.2　温度传感器 DS18B20

6-7
DS18B20 温度
传感器

DS1820 是美国 Dallas 半导体公司生产的数字化温度传感器，是世界上第一片支持"一线总线"接口的温度传感器。一线总线独特而且经济的特点，使用户可轻松地组建传感器网络，为测量系统的构建引入全新概念。现在，

新一代的 DS18B20 体积更小、更经济、更灵活,可以充分发挥一线总线的优点。图 6-26 所示为其常见封装和外部引脚。

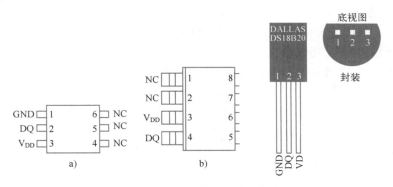

图 6-26 DS18B20 的常见封装和外部引脚

1. DS18B20 的主要特点

(1)采用单总线的接口方式 与单片机连接时仅需要一条线即可实现单片机与 DS18B20 的双向通信。单总线具有经济性好,抗干扰能力强,适合于恶劣环境的现场温度测量的特点,在使用中不需要任何外围元件,因此使用方便,使用户可轻松地组建传感器网络。而多个 DS18B20 可以并联在唯一的单线上,实现多点测温。

(2)测量温度范围宽,测量精度高 DS18B20 的测量范围为 $-55 \sim 125℃$,其中在 $-10 \sim 85℃$ 范围内,精度为 $±0.5℃$。

(3)供电方式灵活 DS18B20 提供了电源 V_{DD} 脚和 GND 脚,可以直接外接电源,也可以通过内部寄生电路从数据线上获取电源:当数据线上的时序满足一定要求时,可以不接外部电源,从而使系统结构更趋简单,可靠性更高。

(4)测量参数可配置 DS18B20 的测量分辨率可在程序中对其自带的配置寄存器进行设置,可变化的范围为 $9 \sim 12$ 位。同时,DS18B20 内部存储器还包括一个非易失性的 EEPROM,可存放高温度和低温度触发器 TH、TL 和结构寄存器。

(5)负压特性 DS18B20 的电源极性接反时,器件不会因发热而烧毁,但不能正常工作。

(6)掉电保护功能 DS18B20 内部含有 EEPROM,在系统掉电以后,它仍可保存分辨率及报警温度的设定值。

2. DS18B20 的基本结构

DS18B20 内部除了包含一个温度传感器以外,主要还包含一个 64 位 ROM、9 字节的高速暂存 RAM、非易失性 EEPROM 等。

(1)64 位 ROM 光刻 ROM 中的 64 位序列号是出厂前被光刻好的,它可以看作是该 DS18B20 的地址序列码。64 位光刻 ROM 从低位到高位的排列是:开始 8 位是产品类型标号,接着的 48 位是该 DS18B20 自身的序列号,最后 8 位是前面 56 位的循环冗余校验(CRC)码。光刻 ROM 的作用是使每一个 DS18B20 都各不相同,从而实现一根总线上挂接多个 DS18B20 的目的。

8位CRC码	48位序列号	8位产品类型标号
MSB　　　　LSB	MSB　　　　　　　LSB	MSB　　　　　　LSB

（2）9 字节的高速暂存 RAM　DS18B20 的内部存储器包括一个
9 字节的高速暂存 RAM，如图 6-27 所示。

字节 1、2 为温度传感器转换后得到的 16 位温度信息，以二字
节补码形式存放。其中低 8 位存在字节 1 中，高 8 位存在字节 2 中。
单片机可通过单线接口读到该数据，读取时低位在前、高位在后。
对应的温度计算：当符号位 S=0 时，直接将二进制位转换为十进
制；当 S=1 时，先将补码变为原码，再计算十进制值。

字节 3、4 是温度传感器自带的报警触发器的温度上下限 TH、
TL 的副本，是易失的，每次上电复位时被刷新。

字节 5 是用户配置寄存器，用于确定温度值的数字转换分辨率，
其各位的意义如下。

温度LSB	字节1
温度MSB	字节2
TH用户字节1	字节3
TH用户字节2	字节4
配置寄存器	字节5
保留	字节6
保留	字节7
保留	字节8
CRC	字节9

图 6-27　9 字节 RAM

| TM | R1 | R2 | 1 | 1 | 1 | 1 | 1 |

低 5 位一直都是 "1"；TM 是测试模式位，用于设置 DS18B20 在工作模式还是在测试模
式，DS18B20 在出厂时该位被设置为 0，用户不要改动；R1 和 R2 用来设置分辨率，见表 6-10。
从表中可以看出：DS18B20 温度转换的时间比较长，而且设定的分辨率越高，所需的温度转
换时间就越长。因此，在实际应用中要将分辨率和转换时间权衡考虑，DS18B20 出厂时被设
置为 12 位。

表 6-10　DS18B20 温度分辨率设置表

R2	R1	分　辨　率	温度最大转换时间/ms
0	0	9 位	93.75
0	1	10 位	187.5
1	0	11 位	375
1	1	12 位	750

第 6~8 字节保留未用，表现为全逻辑 1。第 9 字节读出前面所有 8 个字节的 CRC 码，用
来检验数据，从而保证通信数据的正确性。

（3）非易失性 EEPROM　DS18B20 内部的非易失性 EEPROM 主要是用来备份高速 RAM
中的第 3~5 字节的内容，防止系统掉电后相关配置信息的丢失。系统上电后，器件会自动将
其中存放的 TH、TL、配置寄存器信息复制到高速 RAM 的第 3~5 字节中。系统可以通过调用
EEPROM 命令（请参考相应的数据手册）将暂存器中的内容写入 EEPROM 中进行保存。

（4）温度转换过程　DS18B20 中的温度传感器可完成对温度的测量，测量结果以 16 位符
号扩展的二进制补码形式提供。以 12 位转化为例，图 6-28 所示为基本格式：其中低 8 位存放
在高速暂存 RAM 的第 1 个字节中，高 8 位存放在高速暂存器的第 2 个字节中。

| 低8位 | 2^3 | 2^2 | 2^1 | 2^0 | 2^{-1} | 2^{-2} | 2^{-3} | 2^{-4} |

| 高8位 | S | S | S | S | S | 2^6 | 2^5 | 2^4 |

图 6-28　16 位温度数据基本格式

其中，S 为符号位。当符号位 S＝0 时，表示测得的温度值为正值，可直接将测到的数值乘以 0.0625 即可得到实际温度；当符号位 S＝1 时，表示测得的温度值为负值，要先取反，然后加 1，即将补码变成原码，再乘以 0.0625 即可得到实际温度。表 6-11 所示为常见温度的二进制数表示方法。

表 6-11　DS18B20 十六位温度表示法

温度/℃	二进制表示	十六进制表示
125	00000111 11010000	07D0H
25.0625	00000001 10010001	0191H
10.125	00000000 10100010	00A2H
0	00000000 00000000	0000H
−0.5	11111111 11111000	FFF8H
−10.125	11111111 01011110	FF5EH
−25.0625	11111110 01101111	FE6FH
−55	11111100 10010000	FC90H

3. DS18B20 的读写时序

对 DS18B20 的读写是在一根 I/O 线上读写数据，因此对读写的数据位有着严格的时序要求。DS18B20 有严格的**通信协议**来保证各位数据传输的正确性和完整性。该**协议**定义了 3 种信号时序：**初始化时序、读时序、写时序**。所有时序都是将主机作为主设备，单总线器件作为从设备。而每一次命令和数据的传输都是从主机主动启动写时序开始，如果要求单总线器件回送数据，在进行写命令后，主机需启动读时序完成数据接收。数据和命令的传输都是低位在先。

（1）初始化时序　与 DS18B20 间的任何通信都需要以初始化序列开始，一个复位脉冲跟着一个存在脉冲表明 DS18B20 已经准备好发送和接收数据。图 6-29 所示为时序图。

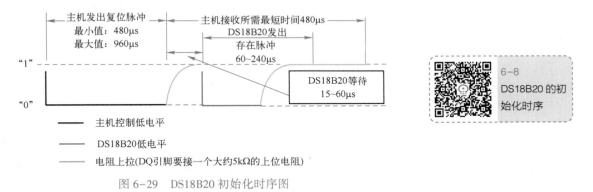

图 6-29　DS18B20 初始化时序图

1）主机控制总线，将其拉低一段时间，接着释放总线并进入接收状态，这个低电平的时间最短为 480 μs，最长不超过 960 μs。

2）主机释放总线后，总线由于外接上拉电阻的原因，被自动拉回高电平，这个时间大概要 15~60 μs。

3）DS18B20 在检测到总线的上升沿之后等待 15~60 μs 后，控制总线将其拉低，发出存在脉冲（低电平持续 60~240 μs）。

此时主机应准备好接收数据，一旦 DS18B20 发出存在脉冲就能检测到，这就表明一次初始化握手时序完成。

以下参考程序是 DS18B20 的初始化子程序，可以在 51 系列单片机上运行，要求系统晶振为 12 MHz。

```
/******************** DS18B20 初始化 ************************/
bit DS18B20_initial(void)
{
    unsigned int i;
    bit flag;
    DQ = 0;                        //给 DS18B20 送一个低电平
    for(i=0;i<100;i++);            //延时,这里的循环次数在 60~110 之间
    DQ = 1;                        //释放 DQ,等待 DS18B20 的应答信号
    for(i=0;i<4;i++);              //延时
    for(i=0;i<20;i++)
        {flag=DQ;if(flag==1)break;}
    for(i=0;i<80;i++);            //等待 DS18B20 应答结束
    return(flag);
}
```

（2）读 DS18B20 时序 对于读 DS18B20 的时序分为读 0 时序和读 1 时序两个过程。首先主机把单总线拉低之后，在 15 μs 之内释放单总线，让 DS18B20 把数据传送到单总线上。完成一个读 DS18B20 时序至少需要 60 μs 的时间。图 6-30 所示为其时序图。

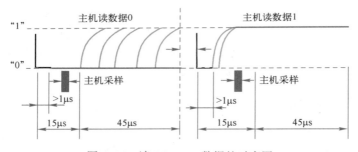

图 6-30 读 DS18B20 数据的时序图

1）当主机控制总线到低电平即开始读时序，这个控制时间至少需要 1 μs，然后主机释放总线，准备对总线进行采样。

2）在主机发出读时序后，DS18B20 就通过拉高或者拉低总线来传送数据"1"或者数据"0"。当数据传输结束后，总线将被释放。注意：从 DS18B20 中输出的数据在读时序开始的下降沿出现的 15 μs 内有效。

3）主机在释放总线后，必须在 15 μs 的时间内读取总线的高低电平。

4）主机两个读周期之间至少要有 1 μs 的恢复时间。

以下参考程序是从 DS18B20 中读回两个字节数据的子程序，可以在 51 系列单片机上运行，要求系统晶振为 12 MHz。

```
/***************** 从 DS18B20 中读一位数据,并返回 *****************/
bit read_bit(void)
```

```
{   uint i;
    bit dat;
    DQ=0;                          //将总线拉低
    i++;                           //小延时一下,准备释放总线
    DQ=1;                          //释放总线,等待 DS18B20 将一位数据放到总线上
    i++;i++;                       //延时一小会儿
    dat=DQ;
    for(i=0;i<8;i++);              //等待 DS18B20 发送的数据状态结束
    return(dat);
}
/****************从 DS18B20 中读一个字节数据,并返回****************/
uchar read_char(void)
{
    uchar j,h,dat;
    dat=0;
    for(h=0;h<8;h++)
    {   j=read_bit();
        dat=(j<<7)|(dat>>1);       //读出的数据最低位在最前面
    }
    return(dat);                   //将一个字节数据返回
}
```

（3）写 DS18B20 时序　对于写 DS18B20 的时序仍然分为写 0 时序和写 1 时序两个过程。两个过程的要求不同，当要写 0 时序时，单总线要被主机拉低至少 $60\,\mu s$，保证 DS18B20 能够在 $15\sim45\,\mu s$ 之间正确地采样 DQ 总线上的"0"电平，当要写 1 时，单总线被主机拉低之后，在 $15\,\mu s$ 之内就得释放单总线。图 6-31 所示为其时序图。

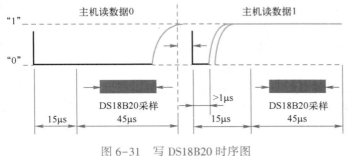

图 6-31　写 DS18B20 时序图

1）开始写时序时，由主机拉低总线为低电平。当写数据 0 时，主机保持总线低电平至少 $60\,\mu s$；当写数据 1 时，主机要在 $15\,\mu s$ 内释放总线。

2）当 DS18B20 检测到总线被拉低后，等待至少 $15\,\mu s$ 的时间开始采样总线上的电平，来判断写入的数据为 0 还是 1。

3）一个写时序最少要 $60\,\mu s$ 的时间才能完成，两个写周期之间要至少 $1\,\mu s$ 的恢复时间。

以下参考程序是向 DS18B20 写入一个字节数据的子程序，可以在 51 系列单片机上运行，要求系统晶振为 $12\,MHz$。

```
/******************向 DS18B20 写一个字节数据******************/
void write_char( uchar dat)
{
    uint i;
    uchar j;
    bit testb;
    for( j = 0;j < 8;j++)
    {
        testb = dat&0x01;            //取数据的最低位
        dat = dat >> 1;              //数据右移一位,为下次取数据做准备
        if( testb)                   // 写 1 部分
        {
            DQ = 0;                  //写 1 时,拉低总线必须在 15μs 内释放
            i++;i++;                 //稍做延时,然后释放总线
            DQ = 1;                  //释放总线
            for( i = 0;i < 8;i++);
                                     //等待 DS18B20 进行数据读取
        }
        else
        {
            DQ = 0;                  //写 0 部分,拉低总线保持 60μs
            for( i = 0;i < 8;i++);   //延时
            DQ = 1;                  //释放总线
            i++;i++;                 //稍做等待,完成一位数据传送
        } } }
```

4. DS18B20 的指令

DS18B20 单线通信功能是分时完成的, 有严格的时序概念, 如果出现序列混乱, 1-Wire 器件将不响应主机, 因此读写时序很重要, 同时系统对 DS18B20 的各种操作必须按协议进行。根据 DS18B20 的协议规定, 通过单总线端口访问 DS18B20 的每一次操作都必须按照以下步骤进行: 初始化、ROM 操作指令、DS18B20 功能指令。若是缺失步骤或者顺序混乱, 都将得不到正确结果。其中, 初始化指的就是前文介绍的初始化时序。

(1) ROM 操作指令 一旦总线控制器检测到一个存在脉冲, 就需要发出一条 ROM 操作指令。如果一个总线上挂有多个 DS18B20 时, 就可以通过 ROM 操作指令来识别不同的器件。ROM 操作指令一共有 5 条, 见表 6-12。对用单个器件的总线一般可以使用跳过 ROM 操作指令。

表 6-12　DS18B20 的 ROM 操作指令

指令名称	指令代码	指令功能
读 ROM	33H	读 DS18B20 中的编码 (即读 64 位 ROM)
ROM 匹配	55H	发出此命令后, 主机要接着发出 64 位 ROM 编码, 访问总线上与编码相对应的 DS18B20, 并使该 DS18B20 发出应答信号, 为下一步对该 DS18B20 操作做准备
搜索 ROM	0F0H	用于确定连接在同一总线上的 DS18B20 个数和识别 64 位 ROM 地址, 为操作各器件做好准备
跳过 ROM	0CCH	忽略 64 位 ROM 地址, 直接向 DS18B20 发温度变换命令, 适用于单个器件工作
警报搜索	0ECH	该指令执行后, 只有温度超过设定值上限或下限的 DS18B20 才会做出响应

（2）DS18B20 功能指令　总线发给 DS18B20 一条 ROM 指令后，跟着可以发送一条功能指令。这些指令允许主机读写 DS18B20 的暂存器，发起温度转换等命令，见表 6-13 中比较常用的一部分指令，更多细节请参考该器件数据手册。

表 6-13　DS18B20 的暂存器操作指令

指 令 名 称	指 令 代 码	指 令 功 能
温度变换	44H	启动 DS18B20 进行温度转换，转换时间最长为 750 ms，典型值为 200 ms，结果存入内部 9 个字节 RAM 中的第一、第二个字节中
读暂存器	0BEH	读 DS18B20 内部 9 个字节的 RAM 中的内容
写暂存器	4EH	发出向 DS18B20 内部第三、第四字节中写入温度上下限数据命令，紧跟着该命令之后，是传送写两个字节数据
复制暂存器	48H	将 DS18B20 的第三、第四字节的内容复制到 EEPROM 中
重调 EEPROM	0B8H	将 EEPROM 中的内容恢复到高速暂存器中
读供电方式	0B4H	读 DS18B20 的供电模式：寄生供电时，DS18B20 应答 "0" 信号；外接电源供电时，DS18B20 应答 "1" 信号

5. DS18B20 温度转换

根据总线控制时序和器件的指令可知，主机在控制单点温度测量时 DS18B20 完成一次温度的转换必须经过 3 个步骤：初始化、发送跳过 ROM 指令 0CCH、发送温度变换指令 44H。下面是参考程序，其中初始化、读、写均直接调用前文介绍的子程序段实现。

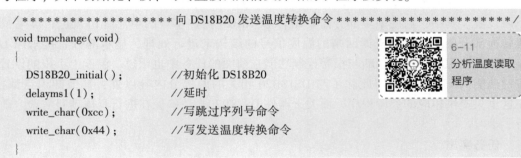

```
/****************向 DS18B20 发送温度转换命令****************/
void tmpchange(void)
{
    DS18B20_initial();       //初始化 DS18B20
    delayms1(1);             //延时
    write_char(0xcc);        //写跳过序列号命令
    write_char(0x44);        //写发送温度转换命令
}
```

6-11
分析温度读取程序

6. DS18B20 中读回转换后的温度

要将 DS18B20 转换后得到的温度读回到主机中，也必须经过 3 个步骤：初始化、发送跳过 ROM 指令 0CCH、发送读暂存器指令 0BEH。下面是参考程序，同样直接调用前文介绍的子程序段实现。

```
/*************从 DS18B20 中读回温度,返回 16 位温度数据*************/
int read_tmp()
{
    int temp;                //整型变量,占用两个字节
    uchar a,b;
    DS18B20_initial();       //初始化 DS18B20
    delayms1(1);             //延时
    write_char(0xcc);        //写跳过序列号命令
    write_char(0xbe);        //写读温度命令
    a=read_char();           //连续读两个字节数据,低 8 位
```

```
            b=read_char();
            temp=b;               //取读回温度值的高8位数据
            temp<<=8;             //循环左移8次,将数据移到变量的高8位
            temp=temp|a;          //两字节合成一个整型变量
            return temp;          //返回温度值
        }
```

6.3.3 设计 DS18B20 温度检测系统

任务描述

采用 1-Wire 器件数字式温度传感器 DS18B20 进行温度信号的采集,最终设计一个能实现温度采集、显示、报警以及上下限设置的多功能温度控制系统。系统采用 LCD1602 进行显示。测温范围为 0~100℃。当实测温度高于所设定的温度上限时,应发出报警(红灯亮),起动制冷电机工作,降低温度;当实测温度低于所设定的温度下限时,应发出报警(黄灯亮),起动加热电机工作,升高温度;否则为正常状态,保持绿灯亮。其中上下限设置功能为任务拓展功能:3 个按键 S1~S3,S1 为设置按键,按下时,系统进入设置上限状态,再次按下时,进入设置下限状态,第 3 次按下,退出设置状态,数码管显示实测温度。按键 S2 为"数字加",按键 S3 为"数字减"。

任务分析

任务要求完成 4 个基本功能:温度采集、温度转换显示、上下限判断及报警控制、温度上下限设置。其中,温度采集部分需要结合 DS18B20 器件本身的单总线协议进行读写操作,温度转换部分要结合单片机读回来的温度信号的结构来进行处理,显示部分直接采用 LCD1602 显示即可,温度上下限判断与报警控制功能在前面的任务中也用过,温度上下限的设置则是多按键功能的配合设置。因此除了与 DS18B20 相关的两部分内容以外,其他知识点都接触过,在这里只提供相应的参考程序。而关于器件 DS18B20,请确保在进行具体项目实践之前已经进行了学习。

任务实施

(1) 传感器选择 任务要求选择单总线数字式集成温度传感器 DS18B20,该器件不需要任何外围器件就可以使用,其数字信号输出总线端 DQ 可以直接与单片机的 I/O 口相连,硬件电路非常简单。

(2) 硬件电路的设计 从控制要求分析可以看出,除了需要外接 DS18B20 器件以外,还需要为硬件电路增加 3 个 LED(红、黄、绿)电路以及两个电动机控制电路;如果要设计拓展功能,还需要增加 3 个控制按键和数码管的动态扫描显示电路。对应单片机 I/O 口分配见表 6-14。

表 6-14 本任务单片机 I/O 口分配表

单片机端口	P3.2	P1.0~P2.2	P3.3~P2.5	P3.6~P3.7	P2.0~P2.2	P0 口
功能	DQ	LED-R、LED-Y LED-G	S1、S2、S3	DJ-H、DJ-L	液晶显示控制位	液晶显示器输入端

具体参考硬件电路图如图 6-32 所示,其中蜂鸣器电路可以不接。

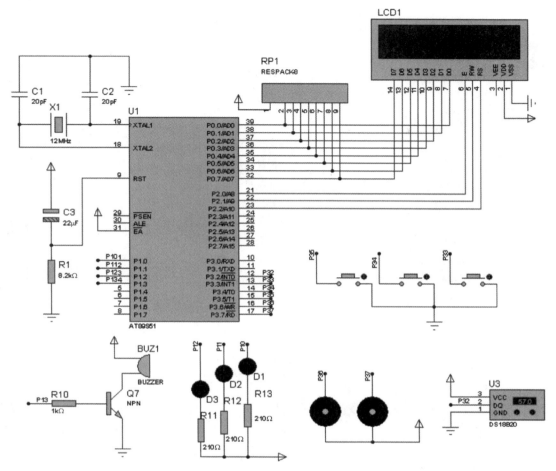

图 6-32 DS18B20 温度显示报警电路参考硬件电路图

（3）软件程序设计 程序设计也需要根据其实现的功能分别进行设计：如果不增加上下限调整按键程序，则只需要设计温度采集、温度转换、温度显示、温度报警等程序段；如果要增加调整按键程序则要考虑到按键扫描采用何种方式（程序控制扫描、定时控制扫描、中断控制扫描）来实现，这里为了能够及时响应按键信号，又不影响正常的温度采集显示，选择中断控制扫描的方式来实现。

下面直接给出参考程序，大家也可以根据其他思路编写程序。

打开 Keil 软件，新建一个项目文件，命名为"6-3.uv2"。选择单片机型号为 AT89C51，然后新建一个程序文件"6-3.c"，并将该程序文件添加到项目中。在新建的"6-3.c"文件中输入如下程序。

```
/********************************************************
标题:DS18B20 测温电路_C
效果:将 DS18B20 采集到的温度显示在 LCD1602 上,同时对这个温度进行判断,是否超过上下限,如
    果有就进行声光报警,同时对两个电动机做相应处理。
    ********************************************************/
#include <reg51. h>
```

```
#include "ds18b20. h"                        //包含 DS18B20 头文件
#include "LCD1602. h"                        //包含 LCD1602 头文件
#define uchar unsigned char
#define uint unsigned int
sbit LED_L=P1^2;
sbit LED=P1^1;
sbit LED_H=P1^0;
sbit SPEAKER=P1^3;
sbit Key1=P3^3;                              //进入设置状态按键
sbit Key2=P3^4;                              //加按键
sbit Key3=P3^5;                              //减按键
sbit DJ_L=P3^6;                              //超下限执行电动机
sbit DJ_H=P3^7;                              //超上限执行电动机
char temp_H=50;char temp_L=10;char temp_data;
void StartIntroduce(char data_T);
void alert(void);
void delayms(int x);
/ ********************** 主函数 *****************************/
void main()
{uint i=0;
 EX1=1;IT1=1;EA=1;
 LCD_initial();                              //LCD 初始化
 while(1)
  {
   tmpchange();                              //温度转换
   temp_data=read_tmp()/16;                  //得到十进制温度值,这里取整数显示
   StartIntroduce(temp_data);                //液晶显示内容
   alert();
  }
}
/ ********************** 报警程序段 ************************/
  void alert(void)
  {
    if(temp_data>temp_H)
    { LED_L=1;LED=1;LED_H=0; SPEAKER=1;DJ_L=0;DJ_H=1;}
    else if(temp_data<temp_L)
        {  LED_L=0;LED=1;LED_H=1;SPEAKER=1;DJ_L=1;DJ_H=0; }
    else
        {LED_L=1;LED=0;LED_H=1; SPEAKER=0; DJ_L=1;DJ_H=1; }
  }
/ ********************** 外部中断 1 程序段 ****************************/
void ex1_interrupt(void) interrupt 2
 { if(Key1==0)
```

```
  { LED_L=1;LED=1;LED_H=1; SPEAKER=0; DJ_L=1;DJ_H=1;
    while(Key1==0);                    //直到按键松开
    while(Key1==1)                     //进入设置上限操作
      { StartIntroduce(temp_H);        //显示温度上限
        if(Key2==0)
          {while(Key2==0);temp_H++;}
        else if(Key3==0)
          {while(Key3==0);temp_H--;}
      }
    while(Key1==0);                    //直到按键松开
    while(Key1==1)                     //进入设置下限操作
      {StartIntroduce(temp_H);         //显示温度下限
        if(Key2==0)
          {while(Key2==0);temp_L++;}
        else if(Key3==0)
          {while(Key3==0);temp_L--;}
      }
    while(Key1==0);                    //直到按键松开
    StartIntroduce(temp_data);         //恢复显示当前温度值
  }
}

/***********************显示数据子函数***************************/
void StartIntroduce(char data_T)
{unsigned char Introducechar[2][16] = {"The temperature "," is      C "};   //显示内容
 unsigned char code ASCII[] =   {'0','1','2','3','4','5','6','7','8','9','-'};   //LCD1602显示的字符数组
  LCD_write_order(0x0C);              //设置显示模式:文字不动,光标自动右移
  LCD_set_position(0,0);             //光标定位到第一行,第一列
  LCD_string(Introducechar[0]);
  LCD_set_position(0,1);             //光标定位到第二行,第一列
  LCD_string(Introducechar[1]);     //显示内容为数组后移一位
  if(data_T<0)                      //温度值为负时
    {   LCD_set_position(5,1);        //光标定位到第二行,第6列
        LCD_write_data(ASCII[10]);   //显示负号
        data_T=-data_T;              //取绝对值
    }
  LCD_set_position(6,1);             //光标定位到第二行,第7列
  LCD_write_data(ASCII[data_T/100]); //显示百位
  LCD_set_position(7,1);             //光标定位到第二行,第8列
  LCD_write_data(ASCII[data_T%100/10]); //显示十位
  LCD_set_position(8,1);             //光标定位到第二行,第9列
  LCD_write_data(ASCII[data_T%10]);  //显示个位
}
```

> **注意**：本程序中调用的关于 DS18B20 的温度转换子函数和温度读取子函数以及对液晶显示器 LCD1602 的相关操作，请直接参考前文的头文件。

（4）软硬件调试　将编写好的程序放在 Keil 软件中编译好并生成 HEX 文件，然后将文件下载到实物硬件电路中进行调试，也可以加载到 Proteus 仿真软件已经绘制好的硬件电路图中进行仿真：按下系统开始按钮，观察数码管显示状态；改变环境温度，观察显示的变化；将温度分别变化到温度超过上限和下限时，观察 LED 和电动机的状态，如图 6-33 所示。

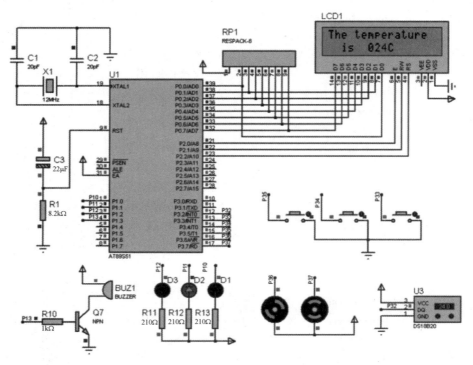

图 6-33　DS18B20 温度显示报警电路仿真结果

（5）拓展任务

1）请读者按照参考硬件图进行拓展任务设计，完成温度上下限的调节。

2）如果要显示温度的小数位，程序中要如何修改，如何显示相应的小数点？

3）如果要在一个总线上挂接多个 DS18B20 器件进行多点温度测量，软硬件将如何实现？

任务小结

本任务包含两个头文件，分别将 DS18B20 器件和 LCD1602 器件的相关操作子函数放在了相应的头文件中。读者以后会经常看到类似的程序设计方式，这样可以让编写的程序具有很好的移植性和可读性。好的方式、方法我们要学会借鉴，多实践，多动手，会有更多的收获。